LETTERS TO HIS SON AND OTHERS

Chesterfield

一生的忠告

〔英〕查斯特菲尔德 著
王秀莉 译

北京理工大学出版社
BEIJING INSTITUTE OF TECHNOLOGY PRESS

图书在版编目（CIP）数据

一生的忠告 /（英）查斯特菲尔德著；王秀莉译．北京：北京理工大学出版社，2010.2（2022.7重印）
ISBN 978-7-5640-2563-2

Ⅰ.一…　Ⅱ.①查…②王…　Ⅲ.人生哲学-通俗读物　Ⅳ.B821-49

中国版本图书馆CIP数据核字（2009）第225549号

出版发行 / 北京理工大学出版社有限责任公司
社　　址 / 北京市海淀区中关村南大街5号
邮　　编 / 100081
电　　话 /（010）68914775（总编室）
（010）82562903（教材售后服务热线）
（010）68948351（其他图书服务热线）
网　　址 / http://www.bitpress.com.cn
经　　销 / 全国各地新华书店
印　　刷 / 三河市中晟雅豪印务有限公司
开　　本 / 640毫米×965毫米　1/16
印　　张 / 11.25
字　　数 / 220千字
版　　次 / 2010年2月第1版　2022年7月第2次印刷
定　　价 / 39.80 元
责任编辑 / 张娟娟
责任校对 / 陈玉梅
责任印制 / 李志强

目　录

前言

查斯特菲尔德勋爵，确切地说，应该是查斯特菲尔德四世勋爵，生于贵族世家，他天资聪颖，勤恳坚毅，志向远大，加上运气又好，因此在仕途上成绩斐然，很值得为后人铭记。但是无论是勋爵本人，还是与其同时代的人，肯定都没有想到他是作为一位“教子专家”而为后人记住的。不过勋爵本人应该还是愿意接受这一名号的吧。从这些信件中就可以看到他对儿子拳拳的爱意,而担得起“教子专家”这一称号，又更足以证明那种真切的父爱，我想，勋爵甚至还会觉得有些骄傲吧。

勋爵自己最想要的骄傲是儿子的成就。他的儿子菲利普·斯坦霍普①，出身并不是那么光明正大，他是勋爵在海牙任职期间（1732年）与一位来自法国的家庭女教师生下的私生子。由于勋爵并无其他子女，这个私生子身上便承载了他全部的愿望与爱。菲利普·斯坦霍普与母亲生活，所以父子之间见面不多。从菲利普6岁起，勋爵便开始给他写信，告诉他为人处世之道，培养他，造就他。

---

① 查斯特菲尔德是勋爵的爵位封号，类似中国古代“平西王”之类的称呼，并不是名字。欧洲很多比较显赫的爵士，爵位封号的影响力远远大于本人的姓名，很多都以爵位封号来称呼。比如,公众熟知的白金汉公爵、温莎公爵，以及科学家开尔文等，都是以封号称呼。查斯特菲尔德四世勋爵本名也叫作菲利普·斯坦霍普，他的儿子继承了他的名字。

儿子欣然接受了父亲的教育与安排，自己也不断提升，但有可能是由于私生子的身份而遭受到的一些社会歧视带来的伤害，或是年轻人的逆反心理，他虽然学识广博，见解独到，精通多国语言，但是身上总是有一种随意懒散的气息，从来都没有具备过勋爵所要求的那种完美的优雅。所以，菲利普·斯坦霍普本人可以说是深深辜负了勋爵的期望。他没有如父亲所愿，成为风云的外交使节，而是靠父亲花掉的2000英镑，才在下议院找到了一个职位。而1764年，当英国政府内部出于某些原因，要求菲利普让出自己的职位时，菲利普并没有尽力争取，而是交出了职位。他身体一直多病，年仅36岁便死于疾病，勋爵白发人送黑发人，无尽凄凉。

儿子的死讯对勋爵是一个很大的打击，当时已经年逾古稀的他还承受着各种疾病的折磨。接着，他又遭受了另一个更大的打击——他发现他被儿子骗了18年。

1750年，18岁的菲利普在欧洲游学，于意大利结识了尤金妮亚·皮特斯小姐，这位小姐长菲利普两岁，相貌并不出众，甚至可以说是有些丑，另外她出身可疑，是一个私生女，不知道父亲到底是谁，且她父亲极有可能来自在英格兰人看来出产流氓与酒鬼的爱尔兰。也许菲利普觉得这必然离父亲要求的完美相差太远，所以虽然与尤金妮亚深深相爱，却始终都没有告诉父亲。为了隐瞒父亲，即便他身在国外，也始终保留两套住房，一套自己住，一套尤金妮亚居住。1761年和1763年，菲利普与尤金妮亚的两个儿子查尔斯和小菲利浦先后出生。直到1767年，他们才正式在德累斯顿[1]完婚。而这一切，勋爵直到儿子死后才从别人口中知道。

勋爵毕竟是一位练达的老人，他没有沉溺于痛苦与失望之中，

① 德国城市。菲利普1764年从英国下议院离职后，在德累斯顿的议院找到了一份工作。

而是将对儿子的关爱与期望转移到了孙子的身上，以温情、幽默的笔触继续传达他的那些人生哲理。他一直悉心关照孙子的成长。1773年，勋爵病逝，给两个孙子每人留下了每年100英镑的年金和10000英镑的存款，支持他们继续接受良好的教育。

但是，勋爵没有给尤金妮亚留下任何东西。衣食无着的尤金妮亚手头仅有的是勋爵写给菲利普以及孙子的信，她把信卖给了出版商，才换得了一些钱财，维持自己的生活。

虽然如此公开父子之间私信的行为备受道德的质疑，但是却掩盖不了一个事实：这些信值得传播给大众。勋爵是一位世俗的圣人，字里行间都透露着智慧，而对儿子深沉的爱让他在信中坦率而真诚。从来没有如此才华横溢而又无所保留的老师。这些文字，引用后人的评价来说，是“使人脱胎换骨的道德和礼仪大全”。

本书从勋爵写给儿子的信中精心选辑而成，主要集中在菲利普开始接受大学教育及初入社会这个阶段。这个阶段是人生中最重要的阶段。而选入本书的每一封信，都展现了生活的深刻智慧，是所有信件中的精华。

过去国内的其他版本基本都是编译本，几乎所有的版本都改变了原来书信的顺序，不是按照书信写作的先后顺序排列，而是根据书信的主要话题来编排。又为了照顾这种编排，那些版本做了更不应该的改动——改变了原始书信的内容：删除了与主要话题无关的次要话题，更删除了很多表面琐碎但却充满温情和爱意的日常交流，有些版本甚至将多封书信缩编成为一封。这些改动将原本闪烁着智慧与迷人的幽默、充满着爱意与温情的父子家书，变成了枯燥乏味的理论集合。本书虽然没有翻译勋爵的每一封信，但是在最大的可能上遵循了英文的原貌，以飨读者。

到了今天，世界发生了天翻地覆的变化，勋爵的许多哲学都已经与这个时代脱节了，当然也有很多深邃的道理在今天依然适用。但他字里行间涌动的那种深深的父爱之情，却不会随着时间的改变而改变。

所有的父亲都应该读一读这本书，学习勋爵的智慧和教子方法，以更好地去教育自己的子女。

所有的儿子都应该读一读这本书，也许勋爵与自己的父亲传授的智慧不同，但是那爱意是相同的。

一、一切易如反掌

巴 斯

1746年10月9日[①]

亲爱的孩子：

从海德堡到沙夫豪森[②]的旅程中你经历的困顿——睡在稻草堆中，啃黑面包，搭乘破旧的马车，这些都是你旅途中要经历的必要而适当的历练而已。如果一个人想要提升自己，就会把这些每个人在人生旅途中都会遇到的事情当作意外、摩擦与困难的范本。在旅途中，理解就是载着你前行的车辆，理解能力的强弱，会决定你旅程是否顺利，是否需要停下来修整。旅途中，你会时不时地遇上一些糟糕的路程和一些糟糕的驿站。因此要小心，使你的车辆保持良好的状态，每天检修、优化、加强。这是你能够做到的，也是应该做到的，每个人都要注意这些细节。忽略这些的人应该会感觉到——他们肯定能感觉到——这些忽略会引发严重的恶果。

疏忽——这是我现在必须要和你讨论的一个主题。你知道，我

① 在1752年9月2日之前，英国使用儒略历，而欧洲大陆使用格里历，两种历法当时相差11天，儒略历的日期加上11天是格里历的日期。书中查斯特菲尔德勋爵的写信日期都是儒略历，而信中提及收到的菲利普或是他人的信的发信日期，基本都是格里历，译文中并没有特别标注。文中经常提到的某日收到某日的来信，信件在途中的天数都需要在原来相差的天数上加上11天。文中有一处收信日期与发信日期相同。特别要留心，不要以为当时的邮政系统能够发达到越洋邮件当日就能送达。

② 海德堡位于德国西南部地区，沙夫豪森位于瑞士北部。

曾经反复告诉过你，我对你的关爱并不是一种软弱的、妇人式的爱，它不会使我对你失去判断力，相反，它让我对你的错误更加明了。指出你犯的错误，不仅是我的权利，也是我的责任，而改正错误则是你的责任，也应该是你所关心的事情。

感谢上帝，到现在，详细地审查你之后，我还没有在你身上发现不可救药的缺点和问题。不过，我还是找到了一个问题：你有点懒，对很多事情非常疏忽，漠不关心。如果是老年人身上存在这样的问题，那是完全合理的，他们的身心都已经慢慢衰退，只要能平安地度过残年就已足够。但是年轻人应该胸怀大志，勇于进取，出类拔萃，警醒活跃，不知疲倦。恺撒曾经说过："要么不做，要做就做最好！"这句名言鞭策着无数青年人去奋发图强，提升自我。如果你想要出人头地，没有强烈的愿望，不经历必要的煎熬，是不可能成功的。没有强烈的愿望，不投入大量的精力，你是没有办法体验到满足的感觉的。毋庸置疑，任何事情都是这样的，也许诗歌要除外。我也肯定，任何有理智的、受过一些教育的人，只要自身努力专心地拼搏，就一定能够有所成就。当然，要做优秀的诗人可能没有办法通过这条路径。

你的目的地是这个广袤而纷繁的世界，而你所直接接触的欧洲各国的日常事务、各方面的利害关系、历史、宪法、政体、关税、礼仪等，都是你需要关注的。任何一个有理智的人，只要接受适当的培训，都能够在这些方面取得不错的成绩。古代史和当代史都很简单，只要你用心学习。地理学和年代学也是同样。你并不需要特别的天赋或创造力就能够学会这些。仔细阅读经典名家的作品，注意观察现实生活中的例子，可以帮助你提升口才和书面表达能力，这些对你目前的工作来说至关重要。只要你想学，就能够学会，如果你还没有学会的话，那么说实在的，我会很生气。因为一切都易如反掌，而你却没有做到，这就是你的问题了。

要想具备这些必要条件，就必须全心全意地做事，然后再辅以适当的训练。不通过这样的途径，是没有办法在这个世界上出人头地甚至崭露头角的。而且，这也关系着你是不是可以在社会中悠游自在地生活。实际上，任何值得去做的事情都应该把它做好。如果不能把自己的全身心都放在其中，那么你就一无所获，即便是学习诸如跳舞、穿着这样不重要的事情，也需要全身心地投入。在某些场合青年男子要应景地跳上一曲，这是社会习俗的要求，所以，你应该记住，在你学跳舞的时候应该认真去学习，不应该当作玩笑，即使有时候那些舞蹈动作看起来有点可笑。穿着也是同样。人人都要穿衣打扮，对于穿着你一定要讲究。当然不要跟纨绔子弟去攀比，要尽量避免穿奇装异服，以免惹来嘲笑。你要时刻记得，穿着应该适应自己的年龄和身份，还要考虑出席的场合，既不要太过疏忽，也不要太过刻意。

所谓“心不在焉的人”通常都是些没有坚定的意志、虚张声势的人。我相信这样的人不会受到其他人的欢迎。这样的人不懂得社交的基本礼节：他们昨天还和别人很要好，今天就不理人家；他们无法参与别人的交谈，只是时不时地打断别人，开始自己的谈话，仿佛他们刚从梦中惊醒一样。很显然，这种人要么无法集中精神，没有办法留心周边；要么过于虚张声势，只能看到大的问题，对于细节则统统忽略。牛顿、洛克，也许还有五六个人，这些对世界发展做出了重大贡献的伟人，所从事的研究需要百分之百的投入，因而他们会忽略掉生活中的一些烦琐事情，这样的情形是可以理解的，但是年轻人或是没有从事伟大事业的普通人，是没有理由心不在焉的，而虚张声势则只能惹来人们的厌恶，渐渐被人们疏远和孤立。不论你觉得你周围的人有多么卑微，都不要轻易说出你的想法，你最好和这些人保持一致的步调，忍受他们的缺点，而不要流露出你对他们的轻视。轻视，是最让人难受的，人们可以遗忘肉体上的伤害，但是对精神上的侮辱，却会终生难以释怀。

因此，如果你想取悦别人而不是冒犯别人，你想接受赞美而不是被责骂，你想被爱而不是被憎恨，那么记住，要时常表现出对人的关心，以令他们小小的虚荣心得到满足。如果你伤害了他们的自尊心，那么大多数情况下会令他们心情不快，甚至惹来怨恨。比方说，大多数人（我觉得其实是所有人）都有缺点，也都有自己的好恶，如果你嘲笑一个讨厌猫或是干酪的人（这样的人很多），那么他就会觉得你侮辱了他；或者你明明知道他的喜好却还是疏忽地让猫跑到了他的面前，或是给他递上了一份干酪，他会更加严重地认为受到了你的轻视，这些他都会记在心里。反之，去尽力帮助他得到他喜欢的东西，或是避开他讨厌的东西，表现出你对他的关心，满足他的虚荣心，就会和他成为朋友，这样做比费尽心机地招待他管用多了！而对于女士，关心也是必需的。

我频繁寄给你的这些长长的信，不知道是否完成了它们的使命。这让我想起了放风筝，你最近放过，我曾经也放过。风筝线便是我们的信使。我想传达的信息有些被风吹跑了，有些被绳子割破了，很少能够升空飞到风筝上。但是，如果我现在的一些信息无法传达给你，我也会尽自己的全力，就如同我曾经做过的那样。

再见！

二、切莫荒废光阴

伦　敦

1746年12月9日

亲爱的孩子：

尽管我时间有限，而且现在应该给哈特先生写信，但是，往洛桑[①]的包裹中不附上几句话，我是不能安心的。

谢谢你给我写来的贺信。我知道，你在写这封信的时候，依然没有走出那场事故给你带来的阴影。我觉得，那次事故发生的原因主要是你行事草率。而这，是我反复对你说过要尽力避免的。很多人都对我现在的职位梦寐以求，但是实际上这个职位给我带来了一些痛苦。那些错综复杂的情况，让我有些疲于奔命。要妥善处理这些问题，我需要具备更强的体魄和更深邃的智慧。如果你能再大上三四岁，我就能带你来我的办公室，帮我分忧解愁了。但是现在，我希望你可以充分利用这三四年的时光，不断地提升自己的能力，到时，如果我还在这个岗位上的话，你就可以来帮我一把了。我常常告诫你，要熟习阅读、书写和说各种语言，要了解各国的法律和政体，要熟悉历史、地理和年表，这些对你将来从事外交工作至关重要。有了这些才能，你就可以成为我的接班人，尽管可能无法是直接的。

① 瑞士西南部城市。

我希望你可以善加利用你的时间，世界上很少有人能够做到这一点。如果你能，必定会有所获益。对我来说，我会在恰当的时机约朋友一起出外散步或骑马，这些休闲同样大有好处。但是我不能原谅的是游手好闲、无所事事的人，时间如此宝贵，逝去就永远无法挽回。

你在洛桑是否有熟识的女士？你和她们之间的相处如何，有没有温文尔雅地对待她们？

我必须停笔了，愿上帝保佑你！

三、黄铜与黄金

伦　敦

1747年3月6日

亲爱的孩子：

你做的所有事情都对我影响很大。现在，我正感动于两封来自洛桑的信，一封是圣·杰曼夫人的来信，另一封是潘皮尼先生的，他们的信中都提到了你，并对你大加赞赏。我觉得应该告诉你这件事，这样对他们、对你都是应该的。品质高尚的人应该知道自己的成绩，这是一种表扬，也是一种鼓励。他们的信中说到，你举止优雅，而且没有英国人常有的那种忸怩、害羞和粗鲁。顺便说一句，你过去也有这些毛病。这些都令我非常高兴，我过去已经和你说过很多次，让人愉悦的礼貌、平易近人的修养、文雅的谈吐举止，这些品质虽然不是最重要的，但是意义却超乎一般人的想象，在英国尤为如此。

美德和学问，就好像是黄金一样，有着内在不变的价值，但是如果不经过打磨，肯定会暗淡许多，擦亮的黄铜都要比粗糙的黄金闪亮。乐观、开朗而又有教养的法国人，实际上有多少缺失呢？许多法国人都学识不足，知识匮乏，但是，他们总能借助文雅的举止来弥补自身的缺陷。我经常这么说，我也确实这么认为，一个法国人，如果能够同时兼具品德、学识和智慧，以及他们民族特有的优雅举止和修养，那将是这个世界上最完美的人。如果你愿意，这种完美你就可以达到，而且我由衷地希望你能够达到。你了解美德的真谛，只要你想拥有，你就可以拥有，美德是一种个人的信仰，没有信仰，便没有美德，没有美德的人是可悲的。

上帝赋予了你智慧，学习令你增长学识，只要你不断努力，你就可以得到想要的一切。凭借这些,你便可以在社会的舞台大显身手。如果你没有办法掌握这些，没有办法完善自己，那只能说是你自己的问题了。

你应该向圣·杰曼夫人和潘皮尼先生道谢，告诉他们你对他们的赞赏和疼爱的感谢。

再见了。希望你能继续得到这样的评价，也希望你能因为我真挚的关心而快乐。

四、真正的快乐

伦 敦

1747年3月27日

亲爱的孩子：

大多数的年轻人在寻找快乐的旅程中都会遭受打击。他扬帆起航，去寻找快乐，但是由于没有指引方向的罗盘，或是因为不明白快乐的意义，而不知道该驶向何方，他们在这样的旅途中感受到的只有痛苦和耻辱，而不是想要寻找的快乐。请不要以为我会像禁欲主义者那样大声谴责快乐，或是以为我会像牧师那样苦口婆心地劝你放弃快乐。不，我会像个伊壁鸠鲁的信徒①一样告诉你什么叫快乐，我希望你能够尽情地享受快乐，但却不要沉湎其中。

大多数年轻人都以玩乐为第一要务，可是他们只是盲从别人的喜好，而不是根据自己的兴趣和爱好作出选择。而所谓“快乐之人”，通常都是些喝得醉醺醺的酒鬼、自甘堕落的嫖客和自吹自擂的人。

虽然有些羞愧，但是我很想对你说说我的亲身经历，这或许会对你有什么帮助。我年轻的时候也喜欢玩乐，常常听到别人说什么好玩就想去试试，从来都不知道根据自己的爱好作出判断。比方说，我生来就讨厌喝酒，但是那时候却经常喝。因为我当时总相信喝酒是成为快乐之人的必要条件。结果每次喝都会吐，第二天就大病一场。

---

① 伊壁鸠鲁学派是古希腊时期的享乐主义学派。

对于赌博我的态度也是相同的。我并不缺钱花，没必要去赌博。但是，我当时以为赌博是成为一个快乐之人的必要条件。所以，虽然我开始的时候并不喜欢赌博，但是后来却沉溺其中，浪费了许多时间，我本可以去做比赌博快乐千倍的事情。现在想起这些，还会忐忑后悔。因为我把人生中最美好的三十年时光都浪费在了赌桌上。

还有一段时间，我竟然荒唐地模仿我所崇拜仰慕的人的言行。不过，很快，我就意识到自己的行为非常低级而无知，马上就改掉了。

迷惑于潮流，盲目地追求华而不实的快乐，使我失去了真正的快乐，同时失去的还有我的财富和健康的身体。我不得不承认，这是我罪有应得。

你要引以为戒。选择适合自己的娱乐方式，不要把别人的娱乐硬搬到自己身上。依据自然的法则而不是流行的趋势，还要思考某种娱乐方式会给你带来的种种后果，然后理智地作出你的选择。

如果能够以我现在的经验来重新开始人生，我肯定会过一种实在的而非虚有其表的生活。我会非常享受珍馐美味给我带来的快乐，但是会尽力避免暴饮暴食带来的痛苦。我不会在二十几岁时就像牧师那样宣扬节制和稳重的必要性，别人爱做什么就由他们去做，我不会因此而斥责他们。可是我会特别注意，不会让过度玩乐损害我的身体，还会好好规劝那些对自己身体不负责的朋友。我会玩牌，但是却不会让自己感觉到痛苦。我只用一点点钱就可以和周围人打成一片，享受其中的乐趣，同时还尊重了社会风俗。可是我也会注意不让自己为了赌博而玩牌。如果赌博，我赢了当然好，但是如果输了，就得面临被人催债的窘迫，不得不拆东墙补西墙。再说赌桌上还经常发生争执。我会花些时间读书，去结交一些有见识、有学问的人，特别是那些比我优秀的人。我也会和一些时髦人物来往，他们表面上很轻浮，但是却并非一无是处。他们思维活跃，精神焕发，还懂得许多文雅的社交礼仪，值得人学习。

如果我能够重活三十年，我想要的娱乐就是这些。它们显然更为理智。而且,我还要告诉你,这些才是真正时尚的娱乐方式。你想一想，难道上流的社交圈能够接纳一个整天都醉醺醺的酒鬼吗？或是接受一个输得精光、牢骚满腹的赌棍？或是一个言语粗俗、声名狼藉的嫖客？不可能的。有过这样经历的人，或是自称有过这样经历的人，是绝对不可能在一个上流的社交圈中待下去的。如果想待在上流社交圈，就算做过这样的事情，也不会承认。一个真正的时尚人士和快乐之人恪守礼仪，洁身自好，决不会染上这些恶习。如果不幸染上的话，会选择不惹人注目的时间和场合让自己放纵一下即可。

在这里，我并没有提到精神上的愉悦，它不同于人们理解的感官的快乐，是更为稳固、更为持久的快乐。由美德善行和学识带来的愉悦，才是真正持久的快乐。我希望你能够明白这一点。

再见!

五、努力适应不同场合

伦　敦

1747年10月2日

亲爱的孩子：

从你上个月18号的信来看，我发现你还是一个不错的风景画家呢。你把瑞士的很多地方都描绘得惟妙惟肖，让人特别想去看一看。这是你非常仔细观察的结果，你能做到这一点，让我非常高兴。不过，我希望你的肖像画也能够这么出色，因为那是一门品位更高的艺术，通过肖像画，你可以很轻易地学会判断。我所说的判断并不只是针对人物外表的轮廓和色彩，而是要能够学会判断人物的内心和思想。这门艺术需要更强的注意力、观察力和洞察力，而且也更加实用。为了这一点，你需要极为用心地去观察与你对话的人的性格，尽力地去发现他们当时的情绪，他们主要的弱点，他们的虚荣和愚蠢。这些行为无论对错，无论聪明还是愚蠢，恰恰是将我们区分成形形色色天差地别的个体的关键。具有洞察力的人，只要仔细观察，就能够注意到这些。这就是世界上的真理。没有人能够通过简单的描述就认识真正的世界，一个人必须亲身经历才能认识它、熟悉它。一位闭门造车纸上谈兵的学者，即便能够绘声绘色地讲出来汉尼拔[①]的故事，却依然不知道战争的真实意义。宫廷和军营是最好的认识世界的地方。那里的人来自世界不同的地方，教育背景和风俗

① 汉尼拔（Hannibal，前247—前183），迦太基著名军事家。

习惯千差万别，性格也各不相同。在其他的地方，总会有一种比较普遍的地方模式，让人们的性格虽然不尽相同，但是也差不多。比如，生活在同一所大学里的人们会有一种相近的性情，而生活在商业城市和海滨城市的人也都有各自的特色。一方水土养一方人。但是，在国家的首都中，住着许多王公贵族和要人，各种不同的人从四面八方汇集于此，追求自己的人生目标，构成了一幅千姿百态的人性画卷。

人的本性本来是一样的。但是因为教育和个人习惯的不同，体现出来的也就有所不同。要看透人性，必须透过层层外衣。比方说，朝臣、士兵、神职人员肯定都有理想，但是由于不同的教育和行为习惯，他们会采取完全不同的方式去为自己的理想而奋斗。每个国家都强调要以礼待人，但是却有各自不同的评价良好教养的标准，甚至同一个国家的不同地方也不相同。聪明的人会入乡随俗，调整自己的行为。世界各地的礼仪行为，只要本身没有什么错误，我们就要遵守，但是也要灵活运用，要随机应变。去墓地的时候要端庄严肃，与朋友聚会的时候可以放松欢乐，处理一些琐事的时候可以轻松。处事灵活在生活中十分重要，你要尽量掌握这一才能。

此外，你还可以经常观察不同的人绘制的同一个人的肖像画，没有比这更有用的学习观察的办法了。我给你寄上一幅你在洛桑时的画像，这幅画辗转到了伦敦，又流传到了我的手里，简直是世界上最大的巧合了，画画的人肯定想不到。

六、父亲的爱

伦　敦

1747年12月18日

亲爱的孩子：

现在应该有两封信从荷兰给我发来，但还在途中，我手头并没有你或者哈特的信需要回复。因此，我写这封信，完全是一个写作狂的举动。而这种狂热，是我对你的担忧、希望和焦虑所引起的。在我就某个特定主题给你写了一封长信之后，过不了多久，要么发现自己忘了某些对你可能有用的东西，于是准备在下一封信中补充；要么是想到了新的话题可以给你提供有用的信息和道理。这样的情形促使我一再给你写信，虽然只有天知道它们是否有用。不过时间会证明一切。就我个人而言，不管这些东西对你是否有用，我的一切焦虑和担忧都是因为父亲对于儿子的爱。希望你不要有所误解，把这种爱当作是肆意予取予夺的东西。在现实生活中并不存在彻底的无私和没有来由的爱。如果确实存在的话，那么就不需要通过诸如暗示、讲解、体验等外在手段来帮助人们去发现亲子之情了。无论诗人、传奇作家还是小说家，这些人类感情的书写者如何宣扬这种无私的爱的存在，现实告诉我们，自世界创立到现在，就没有过这样的爱。

我对你的这份爱，不同于母亲对孩子的爱。母亲最关注的是孩子的健康和生命，虽然我也同样关注这两点，但是却不是把它们作为最重要的方面。我的目标是让你能够适应生活，如果你做不到，我宁愿你没有出生过。所以，我对你的爱就是——也只能是——与你的品德修养紧密联系的，这也是一个理性的生物对另一个理性生物的爱的唯一形式。到现在为止，我都没有发现你的心灵或理智有什么重大的缺陷，但却看到了优点。正是因此，我才会爱你，而且这份爱会随着你的美德的增多而增多。如果你具备了那些你应当具备的学识和德行的话，我就会感到莫大的欣慰。但是如果你做不到的话，我对你的反感和愤慨也便会增长。你必须明白，在后一种情况下，我除了给你必要的资助以外，就没有其他的任何义务了。如果我们发生争执，你不要以为我会像那些愚蠢的家长一样软弱而和孩子妥协。我不会那样，我的性格中没有那样的缺点。不过，除了因为某些重大的问题，我想我们之间永远都不会发生争执，一旦发生，我将永远都不原谅你。虽然说了这么多，但是我希望，我也深信，这些不权威的言论都是没有必要讲的。你对美德并不陌生，每个了解美德的人都应该会狂热地追求它。至于知识，你掌握得已经很好了，但仍然需要继续努力。只有无知的人才会不明白知识的重要性，自满不前，而有学识的人总是希望学得越多越好。因为他们知道学无止境这个道理。

请把我的这些忠告放在心上，你将获益匪浅。

七、政治家入门课程

伦　敦

1748年1月15日

亲爱的孩子：

对于你许诺的下一年的新年礼物，我满怀期待。说实话，你越是用心，它的意义也就越重，我对你的谢意也就越多。这一切完全都取决于你。其实，我希望每年都能得到的礼物就是一个全新的你，一个比过去更正直、更有修养、更有学识的你。

既然你想有所作为但却不愿意成为皇室随从，那么你觉得在大学里担任希腊语教师怎么样呢？这份工作很清闲，没有太多的报酬，但是只要懂得一定的希腊语（你的水平足够了），就可以担任这份工作。如果你对这份工作也没有兴趣，那么我真不知道该给你什么建议了。现在，你应该仔细计划将来了。我希望你能够清楚地告诉我，你对今后的人生路有什么计划，你究竟想从事什么样的职业。明确了目标之后，我们才可以想出相应的对策，以便为你今后的发展尽早打下基础。哈特先生说你想要从政，如果真这样，你大概是想接我的班——成为国务秘书。那么无论你什么时候来找我，我都愿意把自己手头的事情交托给你。如果你想从事其他行业，并且出人头地的话，那么你需要先下定决心，做好完全的准备。首先，你需要明白担任这份工作需要具备什么样的条件；其次，就要审视自己是否已经具备了这些要求，如果还不足，那么就赶紧提升。你必须精通欧洲古代史和现代史，能熟练使用各国语言，熟悉各国的宪法和政体，了解各大强国的兴衰史，并且知道兴衰背后的原因，熟悉欧洲各国的国力和经济实力等。这些知识看似琐碎，但是却是政治家必不可少的。为了将来，你必须掌握这些有用的知识。此外，你还得利用空闲时间，去学习其他一些必要的知识，以帮助你的工作。比方说，你需要学习控制自己的情绪，做到喜怒不形于色，听到别人轻浮、莽撞甚至无礼的要求时，你要学着耐心听完，然后再巧妙地拒绝，注意不能得罪对方；你要学会在不撒谎的前提下巧妙地隐藏部分事实；你要学会察言观色；你还要学会隐藏自己的想法，表面上开朗真诚，但是内心要懂得保留。这些都是政治家的入门课程，而社会，等待着你去实习、去挑战。

我会一直守护在你身边，支持你，帮助你，直到你成功为止。

爱你的父亲

八、善待别人的忠告

伦 敦

1748年1月29日

亲爱的孩子：

从哈特先生上封信中我可以看出，我写给你们的很多信都在寄去莱比锡[①]的途中被扣留了。但是现在这个时候，估计我的信已经被放行了，用不了多长时间，你就会一下子收到很多封信。就像《休迪布拉斯》[②]中写的那样：

仿佛语言都冻结在北国的风中

实际上，这句诗描写的是一个简单的自然现象。在格陵兰岛，地冻天寒的时候，呼出的热气都会结成冰，呼吸都困难，更不要说讲话了。到了温暖的时候，冰雪消融，人们就开始畅谈，空气中弥漫了各种各样的声音，让人耳不暇接。这样的情形，和你的面前一下子出现那么多来自我的长信是不是很像呢？

如果你能够体会到我的信中饱含的良苦用心，把我的信看作一位希望你幸福的朋友送给你的忠告，你肯定会仔细地阅读，相反，

---

① 德国东部城市。

② 《休迪布拉斯》（*Hudibras*）是英国诗人塞缪尔·巴特勒（Samuel Butler，1612—1680）的一首讽刺清教徒的长诗。

如果你无法体会，而觉得这是一位好为人师的父亲的喋喋不休的话，你就不会太过用心，甚至懒得去读。到底你会怎么对待这些信呢？请诚实地告诉我。俗话说，忠言逆耳，对于规劝，需要的人往往不喜欢。希望你不是这样。你应该明白自己缺少锻炼，因此需要善待别人的忠告。你那么理智，我相信你会听取别人的忠告的。

跟我谈谈在莱比锡你的空闲时间是如何度过的吧。我知道你没有太多闲暇。我明白你这个年纪的人肯定希望能够有更多的空闲时间。你是否参加聚会或社交活动？都是些什么类型的活动呢？其实，不管是什么类型，我都希望你去多参加一些，扩展视野，增长见识，只有这样，你才不会迷信什么东西，盲目崇拜。

如果你喜欢偶尔读点轻松的书，那么我向你推荐两本法语书。这两本书我过去也提到过。它们不仅有趣，而且能够丰富你的知识，提高你的修养。一本是佩里·伯豪斯写的《思想观念中的优美礼仪》，我想，在英国的时候，你应该和高德先生一起读过这本书，但是我觉得，没有哪本书比这本书更能提升你的修养了。你可以重新读一遍。另一本会对你有帮助的书是德·贝里格德神父写的《说话的艺术》。当然，我的意思并不是说，与人相处的技巧通过文字就能学到，如果这样的话，那么这本书就是无价之宝了。我是想说，你本身已经具有卓越的智慧和品德，对成功来说，这是最主要的因素，而个人的观察力，和别人的忠告，则会帮你更上一层楼。

我将永远爱你！再见！

九、让自己不可或缺

伦　敦

1748年2月9日

亲爱的孩子：

你收到的这封信，已经不是出自一位国务大臣的手，而是一位普通人所写。到了我现在的年纪，生活最必要的就是安逸了，而对你的年纪来说，工作和活动则是必要的。这两者也是你今后许多年的主题。上个星期六，我将我的印章上呈给了国王，他与我话别的时候非常亲切，另外还带着一丝惋惜（我这么觉得，是因为他这么自言自语了)。我已经离开了日理万机的岗位，开始享受平静安逸的私人生活和社交生活了。我再不必为公务繁忙，生活的中心变成了悠闲与舒适，希望我的操守和品质能够帮我达成这一目标。简单说，我觉得现在的自己非常幸福，这种幸福是以前公务繁忙的时候无法感觉到的。

比起和欧洲各国的达官显贵们通信来说，我更喜欢与你通信。现在，我的空闲时间很多，可以经常给你写信了。我给你写信的时候心情非常喜悦，相信你读到我的信的时候心情也同样喜悦。我们信中传递的这种喜悦，在公务信件中是找不到的。

不要认为我的辞职会影响你今后的发展。恰恰相反，这会对你更加有利，因为我可以竭尽全力地去帮助你升迁。虽然这样，你还有一条更实际的成功之路，那就是依靠你自己的能力。你要充分地挖掘自己的潜力，让自己成为独一无二的人才，这样就能够施展自己的才华。在英国，人们一般都对外交事务不怎么了解，对其他国家的利益、宗旨、法律和政策这些都不大了解，因为很少有机会去接受这样的教育，人们也不会主动去想这些事情。在某些外交场合，和欧洲其他国家比起来，我们发起的合适的话题都少得多。而且在议会讨论外交事务时，许多议员都表现得特别无知，令人不敢相信。外交事务是如此重要，但是我们国家却极端缺乏这方面的人才，如果你能够在这方面有所作为，你就是不可或缺的人才。你可以首先努力去成为驻外使臣，然后再努力回到国内成为一个外交大臣。

你的信中对我提到了你的时间安排情况，我看了感觉非常满意。希望你能够付诸实施，并且在未来的两年一直坚持遵守，这样的话，我想我就没有太多的要求了。你的付出会得到应有的回报，如果你想要得到更多，那么就自己努力去争取吧。

很高兴你能够意识到那些满口脏话、沉迷赌博的“朋友”是多么差劲，而且我相信，你肯定也知道那些懂得分辨好坏的人对他们的态度是怎么样的。希望这能够对你有一个警示作用。再见吧！

十、现代史的学习

伦敦

1748年3月25日

亲爱的孩子：

最近既看到了关于你的文字，也听到了有关你的言论，两者都让我欣喜异常。前者是哈特先生的信，后者是特瓦立尼先生的话，他已经到了这里。他们异口同声地称赞你在莱比锡能够合理地利用时间。通过你的时间安排可以看出你能够认真思考自己的兴趣所在和休闲，我非常高兴。如果你想利用这两年的时间掌握足够的知识，就要合理地利用时间。

让我更加高兴的是，你已经开始学习那些对你未来的远大志向必不可少的知识。哈特先生告诉我说，你已经特意阅读了凯里瑞斯[①]、佩凯和黎塞留[②]的《书信集》。那么，你就再读一下雷斯红衣主教[③]的《回忆录》吧，既能够当作消遣，也能够学到东西。这本《回忆录》涉及法国历史上一段非常有意思的时期，当时正好是路易十四的少数派掌控大权的时候，红衣主教马萨林[④]建立内阁。作者刻画这些

---

① 凯里瑞斯，法国政治家，法兰西学院的创建者之一。

② 黎塞留（Richelieu，1585—1642），法国宰相、枢机主教、政治家，被后人称为法国历史上最伟大、最具谋略也最无情的政治家。

③ 雷斯（Retz，1613—1679），法国的红衣主教。

④ 马萨林（Mazarin，1602—1661），法国外交家、政治家，法国国王路易十四时期的宰相（1643—1661)及枢机主教。黎塞留的继承者。

显赫人物的技艺非常娴熟，寥寥数笔，却栩栩如生。

书中关于政治问题的思考主要以斜体字的形式出现，这也是我见过的最有根据的思考。这些思考并非一个毫无经验的政客闭门造车、冥思苦想的结果，而是一个伟大干练的政治家在自己丰富的经验基础上深思熟虑得出来的。所有的结论都是根据事实推导出来的，绝对没有夹杂个人的凭空猜测。

现代史是你目前的主业。我可以告诉你一些这方面的基本知识。现代史开始于公元8世纪的查理曼大帝时期，那是一个蒙昧的年代，能书写的人只有牧师和僧侣，他们的文字立场总是不正确，夹杂着太多的迷信和宗教因素，所以，我们很少能够读到比较系统的关于那个时代的资料。因此，对于公元5世纪或6世纪之后的历史情况，我们是不可能得到确切的知识的，只要大致了解一下就够了。所以花费时间去阅读有关那个时期的历史资料和传奇故事，纯粹是一种浪费。但是从公元15世纪开始的历史，你就必须特别关注、努力学习了。这时学术萌芽，许多历史都被真实地记录了下来。在一定意义上，现在的欧洲依然保持着那时出现的格局，目前的各大强国都是在那个时候兴起、奠定基础的。法国就是最好的例子。路易十一[①]，就如同他自己所说的，他“掀开了历史性的篇章”，将法国建成了一个初具规模的君主制国家。此前，法国割据严重，四分五裂，支离破碎，布列塔尼[②]公爵这样的邦国君主都有很高的主权。而路易十一却以欺诈、武力、联姻等种种手段，兼并了那些小邦国，统一了全国，建立了中央集权的统治。

---

① 法国国王，1461—1483年间在位。

② 15世纪之前，布列塔尼是完全独立的公国，处于法国和英国两个大国的影响下。1499年，布列塔尼安娜女公爵嫁给法国国王路易十二，布列塔尼才失去了自治权。

也是在那个时候，阿拉贡的斐迪南国王与卡斯提尔的伊莎贝拉女王[①]联姻，将西班牙统一，将摩尔人在西班牙的最后一个据点格拉纳达[②]拿下。与此同时，奥地利王室也奠定了日后强权的基础：马克西米利安[③]与勃艮第的女继承人成婚，而马克西米利安的儿子——奥地利大公菲利普迎娶了西班牙女王伊莎贝拉的女儿珍妮公主，而她也恰好是西班牙王国的继承人，西印度群岛的殖民地都是她的。在第一场政治联姻中，奥地利王室得到了17个省，在第二场中得到了西班牙和美洲。马克西米利安的孙子、菲利普大公的儿子查理五世继承了所有一切。下面的拉丁诗歌，就是因为这两场婚姻而产生：

其他国家，征战！奥地利，联姻！

战神玛尔斯属于别人，而爱神维纳斯留给你。

人的欲望是无限的，查理五世因如此强大的势力而意图扩张，想要入侵法国。于是两国萌生了嫉妒与敌意的火种。随后，查理五世将他的帝国分给了儿子菲利普二世和弟弟斐迪南一世，西班牙属于菲利普二世。奥地利王室从此才逐渐衰落，直到今天的弱小局面。这段历史是整个欧洲历史上最精彩的，你必须要准确地掌握。

漫漫历史长河中，多数国家都会有一段特别引人注目的时期，

---

① 斐迪南指斐迪南二世（1452—1516），阿拉贡国王，同时也是西西里国王和那不勒斯国王。伊莎贝拉女王是伊莎贝拉一世（1451—1504），是她资助了哥伦布发现新大陆的航行。1474年，二人完婚，缔造了西班牙的统一。

② 位于西班牙南部。斐迪南二世与伊莎贝拉一世最后葬于该地。

③ 马克西米利安一世（Maximilian，1459—1519），德意志国王（1486—1519），神圣罗马帝国皇帝（1493—1519）。1477年同勃艮第公爵大胆查理之女玛丽结婚，获得尼德兰和法国东部边境一带的勃艮第领地。马克西米利安一世致力于建立中央集权的统一强国，在使奥地利上升为欧洲大国方面起了重要作用。

值得我们去研究。比如，在菲利普二世统治西班牙时期，17个省叛乱，北方地区成立了今天的七省联合共和国[①]，西班牙不得不与其签订《明斯特和约》，承认其独立。这样的事情俯拾皆是。1640年，在葡萄牙也发生过独立战争，现在布拉干萨王室就是从那个时候开始统治葡萄牙的。瑞典也发生过独立战争，古斯塔夫一世将丹麦国王克里斯蒂安二世赶出了瑞典[②]，成为统治者。1660年，丹麦也出现了翻天覆地的变化，各个邦国的君主主动将自己手上的权力交给了国王，丹麦因此而成为欧洲历史上最名副其实的君主制国家。总之，这段历史时期的所有材料，你都要仔细阅读。

对这些现代史中引人注目的事情，你要特别多加思考。优秀的历史学家早就已经针对其中绝大部分事件进行了专门的研究，他们的研究成果也要阅读。德·维托塔神父将瑞典和葡萄牙的革命写得短小而精干，我想，你用不了十二个钟头就能够读完那本书。

还有另外一本书，名为《和约史》，你也应该去读一下。但是不必现在就去买，最好去借或去租，因为携带起来不太方便——两大册的对开本。这本书已经成为许多从事外交工作的人士必读的作品，书中对历史的记述简明扼要，从《威斯特伐利亚和约》[③]开始，上半个世纪在欧洲签订的所有和约都有涉及。其中四分之三的内容是些不重要的和约，可以忽略，但是其余四分之一的内容非常重要，你必须认真研读，仔细做笔记，这对你非常有帮助。你要留心强国

---

① 即尼德兰联邦共和国，也就是荷兰。

② 这桩事件发生在1520年。

③ 《威斯特伐利亚和约》：象征三十年战争结束而签订的一系列和约，最主要的和约是1648年5月15日签订的《奥斯纳布吕克和约》和同年11月24日签订的《明斯特和约》。签约双方分别是统治西班牙、神圣罗马帝国、奥地利的哈布斯堡王室和法国、瑞典以及神圣罗马帝国内勃兰登堡、萨克森、巴伐利亚等诸侯邦国。

之前缔结的条约。比如，法国和西班牙的《比利牛斯条约》[①]，还有《奈梅亨和约》[②]和《里斯威克条约》[③]。但最重要的条约就是《明斯特和约》，相信你在帝国公法的课程上也了解到了，这份和约已经成为欧洲各国之间缔结条约的基础，许多条约都与它有密切联系。在书中，佩里·布朗对这个条约作了详尽的叙述，并且详述了条约签订之前长达三十年的战争，很有阅读的价值。

为了增加你给我回信的话题，也为了我们共同增长彼此的见识，所以，请在下封信中告诉我下列这些问题的答案：

撒克逊步兵团有多少个连？每个连有多少个士兵？

骑兵团和龙骑兵团分别有多少个？每个团有多少士兵？

在每个步兵连、骑兵团和龙骑兵团中，有多少军官和军士？（注：军士是指少尉以下军衔。）

每个士兵、骑兵、龙骑兵每天的军饷是多少？

将士分为哪些等级？（注：将士是指上校以上军衔。据我所知，奥地利并没有准将军衔，法国没有少将军衔，那撒克逊呢？）

就这些吧。

---

① 1659年法国、西班牙两国签订。

② 1678年8月11日，荷兰和法国签订。

③ 1697年法国与奥格斯堡同盟各国签订。

十一、记录旅行的见闻

伦　敦

1748年3月27日

亲爱的孩子：

我托去莱比锡参加商会的杜瓦尔先生给你捎去这个包裹。杜瓦尔先生是一个珠宝商人，出生在日内瓦，后来来了伦敦，已经在这住了八年或十年了。他为人通情达理，希望你能对他以礼相待。

前些日子，我曾经建议你多了解一些欧洲各国的民用设施和军用设施。你可以自己去调查一下，也可以从我这次寄给你的这本小册子中得到有用的信息。在这本小册子里，我按照上次给你的有关汉诺威[①]的条目，编排了一些方便记忆的内容。其中的内容按照字母排序，你可以快速地找到你需要的条目，还可以在相应的字母范围内插入一些空白页，记录你感兴趣的内容。这样的本子很普及，你很容易就能买到,然后投入相关的使用。我以自己的亲身体验证明，用这样的本子记录信息非常有用。如果我知道有这样的机会给你捎东西的话，我肯定会提前充分准备，法国人常说，积沙成塔。但是现在，突然之间我想不出应该给你带些什么，也不知道有什么东西是你在莱比锡没有办法找到的。

希望你继续努力,我肯定,你会不再需要我向你提供的任何东西。

---

① 德国北部城市。

不要认为我的离职会对你的发展产生负面的影响，在你能够胜任要职之前，很多事情都可能发生，但是等你将来能够胜任的那一天，不论我身在何处，都会有能力帮助你迈出第一步的。而之后，你就必须依靠自己的能力去走完自己的人生路了。你要努力使自己成为国家的栋梁之材，让别人对你三顾茅庐，而不是你去对别人摇尾乞怜。关于外交事务和他国利益、立场和礼仪方面的知识，我们国家的人不如欧洲其他国家的居民那么擅长，而你却恰有这个能力。

再见吧。

爱你的父亲

十二、说话的方式和内容一样重要

伦 敦

1748年4月1日

亲爱的孩子：

不管是从你还是从哈特先生那里，我都没有收到你提过的三封信。我想可能是途中出了什么意外，毕竟，这里离莱比锡路途遥远。最近一直都没有收到你的来信，所以，我猜测你现在的日子很好。另外，就像我常告诉你的，比起你生活的好坏，我更关心你的事情做得好不好，这段日子一直没有你的来信，我猜测，你是不是正忙着做什么有意义的事情。

如果坚持生活的规律和节奏，你的身体就能保持健康。你这个年纪，拥有造物主赋予的强健的体魄，即使你放纵自己的同时服用药物，造物主还是会继续给予你关爱和健康。但是，对你的头脑，你绝对不可以疏忽，现在，它正需要你投入持久、充足的关爱，甚至是一定量的药品。现在，你用脑的时间哪怕只有一刻钟，不管正确与否，都会产生深刻的影响。你还需要大量的锻炼，才可以保持头脑健康清醒。

请你留心观察一下受过良好教育的头脑和未受过教育的头脑之间的区别。我相信，比较之后，你肯定希望自己能有一颗受过良好教育的头脑，就算是吃再多苦、花再多时间，都是值得的。也许一个车夫出生时的头脑与弥尔顿、洛克和牛顿一样，但是弥尔顿他们受到了良好的教育，所以成就远远超过车夫，而车夫只能一辈子和马打交道。有时候，确实有不需要接受什么教育就能取得骄人成绩的大才，但是这样的事情少之又少，人们也不大会相信。而且，如果这样的人接受良好的教育，肯定会更加伟大。如果莎士比亚能够受到更好的栽培，那么他的剧作中就不会有废话连篇的现象，那些人们称赞的地方也会更加精彩。

一般15 ~ 25岁之间的人，都可以通过教育和社交来完善自己。对你来说,今后的八九年,正好是黄金时期,可以决定你的将来。所以,你一定要善加利用。我相信，你会成为一名卓越的学者，掌握各种丰富的知识。但是我也非常担心，你可能会忽略很多看起来细小但却至关重要的素质,我说的是文雅的举止、优美的谈吐和恰当的行为。这些都是实实在在的优点，只有不懂人情的人才会忽视它们。我听说你现在讲话很快，而且词不达意。我已经说过无数次了，你一定要注意改正这些会惹人生厌的言谈习惯。表达清楚、令人愉悦的言谈会帮你增色添彩。

再见!

十三、荒唐的真知

伦　敦

1748年4月26日

亲爱的孩子：

很高兴听说你仍在继续钻研宗教改革史。这段时期在历史上非常重要，你不但要高度关注，而且要努力地去搞清楚它的来龙去脉。毋庸置疑，你已经思考过这桩重大历史事件的起因了，也看到了贯穿在其中的是一种失望与悲愤的情绪，而非对宗教的虔诚和对腐朽的罗马教廷的深恶痛绝。

路德，是一位奥古斯丁教团的僧侣，他之所以领导宗教改革是因为他所在的教团，当然包括他自己，没有权利贩卖赎罪券，而道明会的僧侣却拥有销售权并且从中获得暴利。他正是因此而成为一个宗教改革家，开始反对罗马天主教会的陋习和腐败。我们可以看出，他开展宗教改革的真正的原因，并非那些陋习和腐败，这些他早就司空见惯，真正的原因是他所在的团体没有办法获得相应的权利。他只是巧妙地利用了天主教会的陋习和弊端而已。

这就是这场伟大的运动的真正缘起。但是，不管最初是为了什么，它产生的影响都十分深远。由于改革与历史的适应性与其自身的正确，在德国传播甚广，甚至蔓延到了其他国家，并且迅速与统治阶级的政治策略产生了联系。政治策略总是会与宗教联结到一起，为不正义的企图披上华丽的外衣。奥地利王室打着镇压异端的幌子，想要到德国的土地上耀武扬威。而另一方面，在德国本土，许多信奉新教的宗主国，在消灭偶像崇拜的名义下，争取着更多的自主权或特权。以上很有代表性的两方，已经偏离了单纯的宗教目的，却继续着德国的宗教革命。一直到《明斯特和约》签订，才尘埃落定。

如果我们去追溯历史事件的真正起因，都会失望地发现，多数情况都和路德贪婪的行为差不多，绝没有高尚些或无私些。所以，我并不觉得，那些将所有事件包括那些再普通不过的事件都挖掘出深层次的政治原因的历史学家有多么聪明。人是矛盾的综合体，没有谁可以一成不变。智者千虑，必有一失，愚者千虑，必有一得。我们总有莫名其妙的激情，多变的心情，甚至我们的身体都会对我们的举动产生影响，让我们做出违反本性的事情。最常见的错误就是把所有的一切都归咎于表面的原因。我相信，一顿轻松的晚餐、一晚甜美的睡梦和一个灿烂的早晨，有时候可能造就一个英雄。而同样的人，如果经历令他消化不良的晚餐、辗转难眠的长夜和阴雨绵绵的早晨，他可能会成为一个懦夫。因此，行为真正的动机总是难以猜测，而行为本身，才是我们从历史中了解的全部。二十三个人合谋杀死了恺撒，对此我毫不怀疑。我怀疑的是他们这么做的唯一或主要的目的是否就是对自由和国家的热爱。而且我敢说，一旦真相展开，我们会发现，其中交织着嫉妒、排挤、私怨或失意这样的因素。伟大的布鲁特斯[①]都无法避免。其实，我怀疑的不止这些，那些历史事件的本身，还有相关的背景，我也抱着疑心。日常生活的经验让我不得不有这样的疑心。几位同时在场的目击证人对于所发生的事情的描述完全一致，我们是否听说过这样的事情？没

① 布鲁特斯（Brutus，前85—前42）是罗马共和时期的第一任行政长官，早期曾参加过刺杀罗马独裁者恺撒的行动。

有。有人看错了，有人说了假话，别的人因为自己的观点和见解做出的描述都有出入。局内人不会写出公正的文字，局外人没有办法写。虽然有着种种的不确定，我们还是必须了解历史。最经典的历史文献看起来总是那么确实可信，人们谈话写作时经常引用。我肯定，恺撒的鬼魂不会去纠缠布鲁特斯，但是我却不愿听信历史学家们的一面之词。对历史真相一无所知，会令我惭愧万分。人们也经常在言谈书写中引用那些异教的理论，但是现在已经没有任何人相信，朱庇特、玛尔斯、阿波罗这些神，即便真的存在过，也不过是普通的凡人，难逃一死。

这种对历史的怀疑精神，并不会对我们学习研究历史造成阻碍。因为对于我们所有生存在这个世界上的人来说，历史是最不可或缺的。这种怀疑精神只是告诉我们不要太武断，而要仔细观察那些容易被忽略的细微之处再作出结论，也许即便如此，我们作出的最好推论也不是最正确的，我们可能依然不知道背后的动机。

古代史肯定比现代史更欠缺可信性，因为它的年代实在太遥远了。因此，对于古代史，我建议你和大多数人一样稍微了解一下就可以了。只要知道那些最优秀的历史学家对古代史作出的最通俗的解释就够了。不管这些解释是对是错，他们已经被人们接受。但是，对于现代史，特别是这三个世纪的历史，你就要认真研究了。因为它的时代并不久远，还没有丧失掉真相，有许多的野史、回忆录、书信等资料帮助我们去研究这段历史。我知道的这方面最好的回忆录就是曾经跟你提过的雷斯红衣主教的《回忆录》。我希望你能仔细反复地研读一下这本书。书中有很多斜体字形式出现的政治思考，你要特别留意，最好能够铭记在心。经验告诉我，它们应该是很有道理的。外行人可能觉得这些思考不值一提，但是专业人士会懂得其中的价值。

现在，这封冗长的信应该收尾了。如果其中有东西能对你有所帮助的话，就足以让我不去介意写信时付出的心思和精力。再见！

爱你的父亲

十四、面对大人物

伦　敦

1748年5月31日

亲爱的孩子：

昨天收到了你16日的信，于是，我今天就给查尔斯·威廉姆先生写了一封信，对他向你传授文雅举止表示感谢。他说，你的第一次宫廷之行相当成功，波兰国王也肯定你的表现非常出色。我希望你能够品格坚定，受人敬重，你想要成为风云人物，这是必需的。

一个人，如果只受过比较低等的教育，对于比他们优越的人的恩宠，他们就没有办法承受，与国王或者名人交谈时，就会惊慌失措，不知如何是好。而有教养的人绝对不会在上司面前慌了手脚。他们知道应该如何不露出紧张的神情，如何表达自己的尊敬之心，即便是与国王，他们也能从容地谈论各种话题。进入一个优秀社交圈、结识一些比你优秀的人，对你来说非常有好处。有很多英国人，受过正统的教育，念完中学，念完大学，可是在国王面前，却依然不知道自己是哪头朝上的。如果国王对他们讲话，他们就更加不安，浑身哆嗦，只知道把手插在口袋里，国王问了什么却完全没有听清。他们总是紧张得不像样子，帽子掉在地上，都不好意思捡起来，只会手足无措，万分尴尬。这样的人我见过太多了。

教养良好的人，和下级说话的时候，从不会居高临下，盛气凌人；和上级交谈的时候，会始终不卑不亢，保持理解；在国王面前不会感到慌乱；在贵妇人面前可以开一些亲昵却又不失尊敬的玩笑；与同辈聊天，不管熟悉与否，都能够找到适宜的话题，表现得轻松自如。

查尔斯·威廉姆先生送给你的茶具，我会作为礼物送给你妈妈，等杜瓦尔回来就让他带过去。对于你妈妈，你不应该只尽一个儿子的义务，还应该像她爱你那般去爱她，所以，向她表达你的爱的次数越多越好。

我迫不及待地想知道你在德累斯顿的生活细节，同样迫不及待地想知道我向你提出的许多问题的答案。

这次就写到这里吧。愿上帝保佑你！

十五、关于努力学习的实用意见

伦　敦

1748年5月27日

亲爱的孩子：

今年和以后的两年，对你的人生来说至关重要，我情不自禁想要对你提出劝告、要求和我最希望你听进去的最热切的恳请，希望你能听取。你现在浪费的每一刻光阴，都会有损你未来的名誉，使你无法展现自己的优势，如果你能充分利用时间，就等于能够节约大量时间，能从中得到最大的好处。

今后的这两年，是你打下坚实知识基础的关键，有了这两年的基础，你便可以建起高楼大厦，想建多宏伟的都可以；但是如果基础不牢固，大厦就很难建成。所以，我恳请你，对于辛苦和努力，千万不能吝于付出，你要尽快地学习知识。没有知识，就不能成为出类拔萃的人才，只能做一个庸人。考虑一下你的状况，既没有高贵的出身，也没有万贯家财做后盾，在你来得及学会在这个社会生存之前，已经被淘汰了。那么，除了优秀的品格以外，你所能依靠的还有什么呢？除了各种优秀品质，你一无所有。那些优秀的品质就是你的固定资产，只有靠这些，你才能够获得好的待遇。我经常听说或是从书中读到一些品格清高的人怀才不遇，得不到公正的待遇。但是我也经常——也许应该说是总是——看到具有优秀品质的人，洁身自爱，虽然也遇到了不少麻烦，可是总能在某种程度上得到好报。

我所谓的优秀品质，是指美德、学识和优雅的举止。关于美德，我就不多废话了，它本身就会绽放光彩，不劳我来介绍。我只希望你相信，如果缺少这些优秀品质，你的生活不会快乐。我经常和你提起学识，相信你已经能够完全明白它的重要意义，不管你今后从事什么工作，丰富的知识都是必不可少的。学识所涵盖的意义相当广泛，而人的生命却十分有限，根本不能去掌握所有的知识，而且人的大脑也不可能吸收并消化所有的知识。我在这里只是告诉你一些生活中会经常用到的知识，在运用的过程中你会将这些掌握得更好。古典知识，指的是希腊文和拉丁文，对每个人来说，这都是必须掌握的。广义上的“文盲”包括那些不懂希腊文和拉丁文的人。我希望你现在已经可以基本掌握这两种语言了。这样，你每天只要花些时间复习巩固就可以了，两年的时间足够你去完全掌握它们了。修辞学、逻辑学、几何学和天文学，这些科目你都要花时间学习。我并不希望你能够精通每一门学问，但是希望你对各门学科都有所涉猎。想到你今后要从事的工作，我觉得，现代语言、历史、年代法、地理学，还有各国的法律，这些知识都有很大的用处。

你必须会讲各种现代语言，就好像当地人那样流利使用。如果一个人无法用某种语言表达得清楚、流利，那么在谈话中，他就没有办法占据主动，也没有办法和其他人正常交流。你的法语已经学得很好了，但要在日常生活中多加使用，这样每天才都能更上一层楼。我猜测，你现在的德语也能说得挺好了，在你离开莱比锡之前，肯定能够完全掌握。至少，我对你有信心。另外，你还得多花些时间学习意大利语和西班牙语。对于了解希腊文和拉丁文的人来说，这两种语言非常容易学，不会占用多少时间，也不会有太多困难。现代史，我指的是近三百年的历史，应该成为你学习中必须要坚持的科目。特别是那些与欧洲各大强国关联紧密的部分。在学习现代史的时候，你还需要学习年代法和地理。这样，当你提到某个重要的历史事件的时候，事件发生的时间就可以了然于心，否则的话，你很容易就会忘记。笨人也可以在短时间内学会地理知识。只是他们的记性不好，容易忘记。

说到优雅的举止，虽然我把它放在了最后，看起来似乎不重要，但是却是构成一个人优秀品质不可或缺的部分，也能为一个人的美德和知识增光添彩。请记住，优雅的举止对于敏锐的观察力有重要的促进作用，能为你带来数不胜数的好处。

两年以后，你就会踏入社会，肯定会接触到各种社交圈，或被一些事情纠缠，那时候，学习新知识的时间和精力可能都没有了。虽然你可以合理地安排自己的时间，留出一些来继续学习，但是已经没有足够的时间来给你重新打基础了。我相信，我这番话的含义，你能完全明白，并且作出正确的选择。不论你现在多么辛苦，都不能轻言放弃。

亲爱的孩子，看在上帝的分上，千万不要浪费时间，你的每一分每一秒都异常宝贵。以后能否出人头地、能否养成良好的品格、能否声名远播，都取决于你是否能够珍惜今后两年的时光。要是能充分利用时间，你就可以名正言顺地得到你想要的一切，如果你任意浪费时间，我真不知道你能做出什么业绩来。

如果你希望自己将来能够成为重要人物，受到其他人的关注，那么现在你就要努力学习，没有知识作为基础，想要成为有用的人才，简直是痴人说梦。而年轻的时候辛苦努力打下的基础，终有一日会得到回报，这是我的经验之谈，希望你能从中获益。

因此，你必须坚持不懈，努力提高自己，把你自己培养成政府中不可或缺的人才，得到任命去担任驻外使节，然后回国进入国会发号施令。我们很多的驻外使臣在接受任命之前，从来没有接触过外交事务。很多人不会讲英语以外的语言。几乎所有人都没有能够让自己在外国的宫廷受到礼遇的优雅风度。他们的处世能力非常差，从来都没有办法得到宫廷的机密，人家不说出来，他们就猜不透人家的意思。他们也没有这方面的兴趣，最后总是发现自己不适合也不愿意担任自己的岗位，然后便迫不及待地回到祖国，而后也不过是发现自己同样不被重用。

只要你留心，任何的闲谈都有价值。因此，那些关于政府举动等公众事件的闲扯，都能给你很多有用的信息。例如，最近由于《第二亚琛和约》[①]的签订而出现的和平局面，肯定是现在公众谈论的焦点。在交谈中，你可以谨慎地问一些合适的问题，比如说，英国和西班牙间的关于黑奴的供货合同是什么意思？年度关系是什么意思？合同是什么时候签订的？为什么要废除？你同样可以知道瓜斯塔拉与帕尔玛和普拉岑奇亚一样，都成了唐·菲利普的势力范围。他们过去是属于谁的？唐·菲利普是如何得到的？有什么价值？匈牙利女王与撒丁国王之间关于土地转让的协议是如何一步步实施的？你可以探寻一下，转让都是哪些地方？有什么价值？总之，任何相关的东西都可以。

这都是你最应该掌握的知识，交谈会对你的学习了解有很大帮助。书籍也是同样。你最好双管齐下。那本《和约史》，记录了《威斯特伐利亚和约》到《乌德勒支和约》[②]的所有和约，我建议你读一下。佩里·布朗关于《威斯特伐利亚和约》的表述非常精辟，《奈梅亨和约》、《里斯威克条约》和《乌德勒支和约》写得则没有那么好，但是同样

① 《第二亚琛和约》，由法国、英国、荷兰和奥地利签订于1748年10月18日，是4月24日开始的第二次亚琛和会的结果，亦是奥地利王位继承战争的终结。

② 1713年4月，英国和法国在荷兰的乌德勒支签订的和约。

非常有用。就是那本我前段日子和你提过的两卷本的大书。你听到17世纪的任何和约的时候，都应该去看一下这本书的说法。

总之，如果你想日后出人头地，那么现在就必须辛勤耕耘。没有坚实的知识基础，仅靠热情难以坚持下去。而知识会让你日后感觉一切付出都是值得的。

请认真地想一下这些事情。问一下你自己，除了你的利益，我还能有什么目的。这些建议都是我人生经验的总结，因为我对你的无尽关爱而传授给你。我会一直如此。

爱你的父亲

请代我向哈特先生问好，我已经收到了他24日的来信。

十六、身体好不如品格好

切尔滕纳姆

1748年7月6日

亲爱的孩子：

你的同学普尔特尼阁下上周出发前往荷兰，我相信，你收到这封信之后不久他就会到莱比锡，对他，你要非常礼貌地接待。在莱比锡期间，你要用心照顾他，让他知道是我写信让你这么做的。他的年纪比你稍大一些，见识也应该比你广。如果真是这样的话，你要努力追赶他了，然而如果不是的话，你也尽量不要让他产生自卑感。你不用做什么，他自己就能够发现他比不上你，这是没有办法的事情。不过，故意要让别人觉得在学识、地位、财富等方面比不上自己的行为，是最冒犯人、最侮辱人，也最不可原谅的。拿后两桩事情比较很不公平，地位的高低和财富的多寡，并不是完全决定于个人的，而拿第一项比较，也是没有教养、品性不良的体现。良好的教养和品德会让我们去帮助他人，而不是挖苦打击他人。这么做可以广结朋友，避免处处树敌，实际上也是帮助我们自己。法国人常说的关注他人，是取悦人最重要的技巧，常常都能够俘获人心。每个人都应该去履行自己的义务，而关注他人是一种自发行为，是个人教养和人品的自然体现。对于你的关注，人们会接受它，记住它，并且给予回报。女人尤其需要被人关注，任何人在这方面表现得漫不经心都是缺乏教养的。

你是否能用最有效的方式利用时间？我并不是问你是否整天都在学习，我也不要求这么做。我的意思是你是否可以把时间合理安排，充分运用。学习的时候，你是否全神贯注？娱乐的时候，你是否身心放松？只要你想，你就可以把休闲活动安排得非常有意义，这取决于那些活动的性质。如果你选择的是些琐碎无聊的事情，长此以往，你的性格就会变得轻浮，我宁可你把时间白白地浪费掉。赌博、户外活动这些事情就比较无聊，对理解力和判断力无益，那些不去思考和不愿思考的庸人才会参与这些活动。真正有才华的人选择的休闲是可以提升自己的见识和才智的活动。我希望你一分钟的时间都不会浪费。你这个年纪如果懈惰慵懒，是罪大恶极的。

跟我说说你现在已经可以轻松阅读的希腊语和拉丁语的书籍吧。你现在敢去读狄摩西尼[①]的作品了吗？你能读懂了吗？你能不费力气地读完西塞罗的《论演说家》和贺拉斯的《讽刺诗》吗？为了提高德语水平，你又读了哪些德语书呢？作为消遣的法语书你又读了哪些呢？请翔实地告诉我。

所有与你有关的事情，我都没有办法忽略。比如说，我希望你能特别注意自己的整体形象，特别是要保持口腔清洁，这是基本的礼仪要求，也是健康的需要。如果你每天早上起来，每餐饭后，没有好好刷牙的话，就容易散发出不雅的、甚至令人作呕的异味。这不利于牙齿健康，会让牙齿变得脆弱，动不动就引发牙痛，是不足取的。你到了现在的年纪，也得注意穿着打扮了。服装邋遢的话，是你不关心个人形象的表现，这不符合年轻人的作风。你现在要努力做到穿着得体讲究，能做到的话，最好；做不到的话，也比什么都不做要好。

---

① 狄摩西尼（前384—前322），是古代希腊最伟大的雄辩家之一。

最后再提示一点：和任何人交谈都要吐字清晰、措辞优雅。再见！

附言：写这封信的时候，收到了6号的来信。我很喜欢你关于初步协定和停战协议的论文，里面的观点都很正确。这就是我希望你能够掌握的事情，它与你的未来息息相关。但是也要记住，就这方面发表观点，更多时候你是要发表演说，而不是写作。因此，能够将这方面的问题优雅而清楚地表达出来，就和能够正确无误地写出来同样重要。我发现无论古今，没有权威的演说家他们的表达都不清楚。《论演说家》确实强调模糊，但是它是指语义的模棱两可，而非词的不确切。很多人并不像自己表现得那般明智，所以应该让不思考的人也能明白演说的内容。无论古今，都有一种叫作"腹语者"的人，他们说话从不张嘴，用肚子或其他部位发声。但是这些腹语者的发音却非常清晰。你的说话方式，让我想到的一个唯一相似的例子是——"开玩笑"，巴黎有一些大师做这种表演。这门高贵的艺术是挑选一些木讷严肃的人，拿他们的理解力和反应开一些善意的玩笑。有人对着他用很模糊的发音和很快的语速说个不停。而这个男人会觉得自己的耳朵不好，或是注意力不集中，反正是痛苦异常。这门艺术却给很多反应快的人带来极大乐趣。你是否愿意那样讲话呢，这由你自己决定。

你去莱比锡有没有随身携带英文或法文的剧作？如果有的话，我希望你每天在哈特先生面前背诵一段，用最清晰最优雅的方式，就如同你是在舞台上表演一样。

我信的第一段，可不只是回答你关于普尔特尼的问题。

十七、左右我们判断的因素

伦　敦

1748年9月13日

亲爱的孩子：

雷斯红衣主教的《回忆录》，我向你推荐过不止一次了，其文中穿插的政治问题的思考，常常值得你去仔细研究。我现在就从里面选两三点和你说说吧。

巴黎骚乱的时候，博福特先生是雷斯红衣主教用来应付民众的工具。博福特先生非常瘦小，但是很受人们欢迎，他也因为自己深得民心而感到骄傲。他喜欢把巴黎人民召集起来，以感受他在人群之中的重要性。但是雷斯红衣主教却很聪明，他总是尽量避免聚集大众，不到必要的时候，不会召集他们为自己服务。但是，他却没有办法阻止博福特先生每一次聚集大众的行为。有一次，博福特先生又无缘无故地把民众召集在一起。结果场面失去了控制，演变成了一场暴乱，造成了极大的破坏。关于这件事情，雷斯红衣主教的说法非常明智："博福特先生并不认为他召集的民众会变成暴民。"但是当那么多人聚集在一起，彼此互相怂恿，肯定会干出什么事情来，有些时候是好事，但是更多的时候是坏事。在人群之中，安静的个体很容易迷失方向，变得躁动不安，可能跟随领头的人做出伤天害理的行为，即便领头的人没有什么明确指示，他们也会没事找事。平民领袖应当保持谨慎，尽量避免无缘无故地召集民众。而且，如果他们召集得过于频繁的话，他们的对头也会如此，没有那么多的顾虑。如果仔细观察这样的民众集会，就可以发现，人们狂躁和冲动的程度，是取决于参加集会的人数的。人数越多，理智和判断力就越发挥不了作用，狂热的情绪蔓延感染的速度就会更迅速，一个人即便再冷静，也没有办法置身事外。

雷斯红衣主教还有一个说法非常有道理。他说，面对两个差不多的事件，一个是从书本中读来的，一个是身边真实发生的，人们往往对前者的反应比较激烈。当卡里古拉[①]任命自己的马当执政官的时候，罗马人民并没有表现出惊讶，他们泰然处之，统治者的骄奢淫逸，他们早已经习惯。的确，相同的事情，一个在书本中，一个在我们身边，一个我们觉得不可思议，一个我们觉得司空见惯。莱奥尼达斯[②]、科德洛斯[③]、库尔提乌斯[④]这些英雄令我们叹服，但是，当听说一位船长宁愿带着满船的船员一起沉船海底也不愿臣服于敌人，我们却没有那么惊奇。我自己呢，也是同样，每次读到波尔杉纳[⑤]、雷古拉斯[⑥]等人的事迹，我总是心潮澎湃，但是虽然亲眼看见了谢福德[⑦]的死刑，

① 罗马帝国时期著名的暴君，杀父篡位，杀害自己的兄弟，与妹妹乱伦，最后惨死。

② 斯巴达君主，曾率300勇士于色摩比利山大战波斯军队。

③ 雅典国王。据说雅典和多里斯发生战争，预言说，如果雅典国王战死，雅典就会胜利。科德洛斯乔装樵夫和多里斯人挑战，故意送死，因此使雅典得到胜利。

④ 神话中的古罗马英雄，罗马广场上裂开一条深沟，他纵身跳了进去，深沟复合而变为池塘，称为“库尔提乌斯湖”。

⑤ 克鲁西姆国王。傲慢王塔克文兵败后逃到了克鲁西姆借兵，波尔杉纳因而出兵罗马。

⑥ 雷古拉斯是古罗马的将领，在与迦太基的战争中被俘。迦太基人答应放了他，条件是回去后必须令罗马与迦太基签订和约。可是雷古拉斯回到罗马之后，却劝谕罗马人不要接受迦太基提出的条件，一定要坚持与迦太基帝国斗争到底。

⑦ 本是一位画家学徒，1718年3月17日因严重的叛国罪被处以死刑。

我也没有被他感动。当时，他只有18岁，想要行刺国王[①]，事情败露后，被处以死刑。如果他肯承认自己有罪并且改过的话，国王肯定会对他从轻发落，但是他没有后悔，表示自己如果能够侥幸不死，还要再次行刺国王。他觉得自己承担着一个国家的命运，死得其所。相比雷古拉斯的丰功伟业，这种大无畏的精神丝毫不逊色，但是由于事情就发生在周围，我们就会有一定的偏见，在我们眼中，他只是一名普通的罪犯，而古代的雷古拉斯则是英雄。

请仔细审查自己对于每件事情的态度，看看惯性思维和各种偏见有没有左右你的态度，然后再重新衡量这些事情，得出公正结论。这个世界上，人们总是习惯去接受别人的意见，而不愿意自己用心思考，得到一个客观公正的结论。开始的时候，人云亦云，别人说什么，自己便也说什么，然后，由于自己已经这么说了，他们便坚持这种看法。人们总是缺少推理，所以出现了各种偏差。

我想要对你说的最后一点雷斯红衣主教的观点是："秘密总是容易成为一群人之间公开的秘密，却很难被某个人保守。"这里的秘密，指的是大家都比较重视的事情，有关的人肯定知道其中的重要性，会想要坚守。但是，一旦他告诉朋友、妻子或情人，这些人与秘密本身没有什么联系，他们保守秘密的能力脆弱得超乎想象。所以，秘密最好还是与相关的人分享，不要说出去。一般小的秘密人们总是会传来传去，但是大的秘密却能守口如瓶。

再见吧！

---

① 当时是乔治一世当政时期。乔治一世在英国很不得民心，他从小生长在德国，母亲索菲亚是詹姆斯一世的外孙女。1714年，英国安妮女王去世，所有直系的王位继承人都已经死掉，乔治一世是最近的亲戚，因而得以继承王位。但是乔治一世却连英语都不会讲，对于英国的所有一切都一窍不通，而且他虐待妻子，两个情妇都丑得异常，也成为人们诟病他的理由。

十八、买书的建议

伦 敦

1748年12月6日

亲爱的孩子：

现在这个时候，我正承受着巨大的痛苦，因为我刚刚失去了一位最亲密的兄弟、一个最要好的朋友——约翰。他上个星期五晚上因为痛风去世。他忍受这种病痛的折磨很久了。最初的一个月，病痛主要集中在手部和脚部，后来扩散到了胃部和头部。在他生命的最后一段旅程中，他始终处于昏迷状态，并没有感觉到太多的痛苦。他去世的时候，你正在他乡，所以，也不必为此过于哀伤，事情已经发生一段时间了，这个时候，你的哀伤本应该结束了才对。

这周有一艘船驶往汉堡，我本来打算请艾略特先生给你捎去的东西就改成用这条船带了。其中有一个小盒子，是你妈妈送给你的；另外一个更小的盒子，是给哈特先生的；一本洛克先生关于教育的书，还有我曾经跟你提过的卡尔洛·马拉蒂的画作。另外，还有两封推荐信，是给柏林的安德里先生和阿尔哥罗迪先生的，我肯定，这两位绅士都会很乐意把你引荐进最好的社交圈，希望你不要错失良机（许多英国人总是如此）。只有身处最好的社交圈，你才可能学习到得体的举止、优雅的姿态。我对你反复强调过的，这些都是成功的必要条件。

哈特先生告诉我说，你的希腊语进步很大，而且还在研究赫西俄德[1]的作品。这些消息让我非常高兴。不过我还是想再对你强调一点：新语言这个大难关你已经攻克了，接下来的事情就如同下山般轻松，但是你必须坚持到底，否则就是不可饶恕了。

听说你还研究了一些罕见的书籍和经文善本，我也很高兴。这方面的知识很容易让人显得学识渊博，但是也会很容易暴露出一个人肤浅的一面。所以，你在阅读这方面的书的时候，首先要关注的是书中的内涵，其次才是扉页、目录、字体和装帧。一个才华出众、具有优秀判断力的人，非常明确地知道自己的目标，并会根据目标的大小来合理分配自己的时间和精力。反之，资质平庸的人会将小目标当成大目标，浪费大量的时间和精力。会犯这种错误的人很多，比如说那些昆虫商人、贝壳商人、捕捉蝴蝶和做蝴蝶标本的人。思维清楚的人，不仅能够区分出有用和无用的不同，也能够区分出有用与新鲜之间的不同。他会把自己的目标设定为前者，而只将后者作为休闲。

说到作为休闲的小知识，我想要推荐一本精致的法文书给你。这本书叫作《自然观察》，文字虽然浅显，但是你可以从中学习到很多必要的常识，帮你充分去认识自然界的各个组成部分。我建议你有空的时候读一读。说到自然，哈特先生告诉我，你已经开始跟随尊贵的校长学习天文学。这方面的知识当然更加重要，你需要花费的精力也要更多。在广袤无垠的天际中，无数的天体在运行，它们之间的秩序和规律简直就是造物主伟大的奇迹，不但令人好奇，也令人赞叹。另外，学习这些知识，能够帮你对创造了这宇宙万物并使其维持至今的永恒万能的造物主有一个更系统、更合理的认识。相比只对我们居住着的地球这个小天体冥思苦想来说，天文学的知

① 古希腊诗人。约生活于公元前8世纪时期。

识更全面。你可以读一下冯特纳里先生的《宇宙的多元化》，从中能够学到很多知识，也可以把这本书当作一种休闲。

愿上帝保佑你！

爱你的父亲

十九、决定性的一年

亲爱的孩子：

我把这封信寄给你威尼斯的银行经理人，这是最牢靠的地方了，你肯定能够收到。但我估计，这封信到达威尼斯会比你本人提前一些。你在途中的停留都会很短，而且现在这个季节东风并不稳定，所以，我就不再往维也纳寄信了。但是之前寄到那里的给你和哈特先生的两封信，希望你们已经顺利收到了。给你的那封信中，还附了一封把你介绍给威尼斯的卡佩罗先生的推荐信。我猜测，欧洲大陆的邮政系统对你区别对待，你在柏林的整个停留期间，我只收到了你的一封信和哈特先生的一封信。而从那时起，我就非常想要了解你的所有情况。

我努力地说服自己，你在威尼斯停留期间，会充分合理地利用你的时间，在这个与众不同的城市参观所有值得一看的地方，与所有能够启发影响你的人交谈。你应该不会把时间浪费在那些城市街头的杂耍把戏上，而是会把它用来学习当地政府的体制吧。因此，我在这封信中又附上了一封推荐信，是给詹姆斯·格雷先生的，他是英国驻威尼斯的使节，但是现在在英国。这封信，还有我给卡佩罗先生的那封，会帮你进入威尼斯最好的社交圈。

但是，最重要的一站，最重要的地方，是都灵[1]。我希望你能

① 意大利北部经济重镇和商业中心。

够在那里多待上一段日子，趁机学习，磨炼、完善自我的修养。坦白说，我非常急切地想看到你在那儿待上一段时间后的面貌，当然，要么就是很好，要么就是很糟。但是不管怎么样，那里一切都是全新的，过去，在任何地方，你基本上都只和那些比你聪明、比你严谨的人来往，而没有接触那些不好的人和影响。但是，等你进入了都灵的学院，你会同时面对这两类人。那里都是你这个年纪的年轻人，肯定有很多懒散或道德败坏的纨绔子弟。我相信，你在那种龙蛇混杂的环境中能够学会分辨是非好坏，而且你良好的见识和品德，会帮助你远离不良的人，结识优秀的人。但是，为了保险，也是为了你，我还是嘱咐哈特先生要仔细地留心你，一旦你酗酒、赌博、偷懒或是不听他的话，他就会把你带到一个我提前指定的地方。所以，不管哈特先生是否向我报告你在都灵的情况，我根据你在那里停留的时间就能知道你的表现。如果你在那里停留的时间很短，我明白背后的原因，我肯定知道，事后你也会发现我并非妄言。但是如果哈特先生让你留在那里的时间和我计划的相同的话，我就会知道，你能够合理地使用时间，而这，也是我对你的唯一要求。我希望你在都灵的时间不要超过一年。如果你能充分利用这一年的时间，就一定能够完善自己。你会和哈特先生一起，完成你的古典文学的课程，学会优雅的举止，并在当地的宫廷中精彩亮相。如果在都灵的一年，你能够像在莱比锡时那样好学上进，那么最后的成果必定令人激动，如果你受到了不良人士的影响和诱惑，你就会从此堕落，丧失美好的明天。我觉得，你在都灵的这一年，对你的人生来讲举足轻重，它是一块试金石，如果你能够充分利用，学有所成，我对你的爱将更加坚定，永远持续；但是如果你染上恶习，你的品格、你的前途、我的期望，还有我对你的关爱就都会凋零枯萎，而你本身，也将一事无成。我现在越爱你，将来如果情况有变，我的愤怒也就会越激烈。

到现在，你的表现都很好，值得我这么爱你，但是如果将来，你辜负了我的期望，我对你只会有怨恨。为了公平起见，我提前告诉你，我对你作出评判的依据是哈特先生对你在都灵期间的各种情况的描述。我相信，他为你所做的一切都是出于一片好意，我也相信，你会认可他的判断能力比年轻的你要强得多。只要他对你的表现满意，我也会满意；而如果他对你的表现不满的话，我就会更加不满。如果他对你有所抱怨，我就肯定是因为你有过失，你的解释我是不会听的。

现在，我来告诉你，我希望你在都灵的日子怎么度过。第一，每天上午，你都要在哈特先生的陪同下，学习古代经典著作和其他知识，哈特先生有权决定学习的时间和方法，你要听从他的安排。第二，你要坚持练习骑马、跳舞和击剑。第三，你要让自己掌握意大利语。第四，和优秀的人士共度晚上的光阴。第五，希望你能够遵守学院中规定的作息时间和制度。如果你能够如此度过在都灵的一年，我就别无他求了。不管你想让我给你什么，我都会欣然奉上。我觉得之后你就足以担当自己的主人了，所有的决定权都属你自己所有。而友谊是我与你之间仅有的联系。请仔细考虑我说的这些话，并把它们牢记心间。如果在都灵的这一年，你可以按照我的要求来做，那么你的收获和之后获得的自由，是无法衡量的。我相信，你的理智会帮你毫不犹豫地作出正确的选择。

愿上帝保佑你。再见！

附言：詹姆斯·格雷爵士给我的信还没有如期送来。我下一封给你的信再附上那些，我想下一封信你一到威尼斯就能收到。

二十、关于音乐

伦 敦

1749年4月19日

亲爱的孩子：

相信收到这封信的时候，你还在威尼斯，沉迷在舞会和歌剧之中。我由衷地告诉你，这些活动都是高尚的晚间娱乐活动，经过一天紧张的学习后，参加这些活动非常合适。但是正如艺术有雅俗之分，休闲同样分为雅俗。有些娱乐活动就像某些职业，会降低一个人的品质，比如酗酒、猎狐、赛马这类粗俗的活动。我觉得参与这些活动的人的品格还不如裁缝和鞋匠，因为后者诚实而勤劳。

你现在正身处音乐之邦，唱歌、拉小提琴、吹笛子，这些不但是街头巷尾人们茶余饭后的谈资，也是大家关注的焦点。因此，我必须要告诫你，千万不要像大多数去意大利旅行的英国人那样，沉迷于这些娱乐活动。尽管音乐是一门高雅的艺术，但是我还是觉得这些活动是粗俗的娱乐。如果你喜欢音乐，可以去歌剧院、音乐会聆听，请小提琴师为你演奏，但我坚决反对你亲自去学习吹笛子或拉小提琴。这会使一个绅士自贬身份，让人瞧不起，也很容易引他进入一些不甚高雅的交际圈，浪费很多宝贵的时间。而且，在这个世界上，和看到你坐在乐队中间、下巴夹着一把小提琴或嘴里叼着一根笛子相比，其他的事情都不足懊恼。

我和杜·佩隆伯爵、拉斯卡利斯伯爵谈论了很多你的事情。杜·佩隆伯爵对你的评价是这样的："他是一个非常聪明的人。但是以他的年龄来看，礼仪方面还有不足。不过他还在学习，将来肯定能够有进步。"我觉得他是一个非常好的鉴定人。他对你的各项表现都称赞不绝，唯独对你的礼仪，直指其不足。不过，以后你还有很多机会去结识很多的优秀人士，我相信，你会在这个过程中不断完善自我。否则的话，你身上的其他优点也会黯然失色。我所说的礼仪，并不是指普通意义上的礼貌，一个人只要不想被人排斥，就必须具备那种礼貌。我说的礼仪是指一种富有魅力、能够令他人感到愉悦的礼仪，比如彬彬有礼的举止、引人入胜的谈吐、优雅得体的行为。这方面做得好的话，别的优点才能大放光彩。所以，从现在开始，你首先要关注的就是这方面。不管在哪里，你都要仔细观察别人的行为表现，把那些教养良好的人当作学习的典范，来努力地提升自我。别人是如何取悦你的，你也要学会，以便去取悦他人。现在，就是你该实践的时候了。

请向哈特先生转达我的谢意。告诉他，他16日从维也纳寄出的信我已经收到了。我上一次给他的信中提了一个问题，希望他能回信的时候回答我，我收到答信后才会再给他写信。我期待着他能告诉我你在都灵的情况，对你今后的人生来说，这段时期至关重要。你要留意学院举办的训练活动，参加宫廷聚会的时候，也要留心学习那里的礼仪，当然同时不能荒废了学业。我相信你不会也不愿意虚度光阴。在你的人生中，我想，不会再有其他六个月，像你在都灵停留的期间那样，令你收获如此巨大。

我们以后还会讨论你在罗马和意大利的其他城市逗留的事情。现在我只想强调一点，每到一处，你都要学习当地的文化精华。你一定要多参观一下那些以古典闻名、拥有许多文化遗产的地方，并且结合书上对古代地理和历史的描述，来分析这些地方现在的情况，随时记下重点的想法。在罗马，这样的机会有很多，而且那里还有很多其他的东西都值得关注，比如说，充满宗教气息的工艺品和政策，希望你都不要错过。

再见！

二十一、乐趣的雅俗之分

伦 敦

1749年8月7日

亲爱的孩子：

在上一批信件中，有一封哈特先生7月18日的来信，我终于对你们俩过去一段时间的病情和你今后的行程有了充分了解。

关于你的病，我和肖医生都认为你的肺部只是发炎而已，你必须注意的是你的风湿。不过为了安全起见，你也要适当注意你的肺部，就好像前段日子生病那样注意。不管怎么样，肺部冷却养生法对健康非常有利。我所说的冷却，并不是指吃那些冰冷的东西。在一个人觉得非常热想给自己降温的时候，冷的饮品是最要命的杀手。成熟的水果有益健康，但不要一次性吃太多。我认识的很多死于痢疾的人，就是吃了太多水果，他们觉得自己的家乡盛产水果，多吃水果不会对身体有什么害处。“适可而止”是做任何事情都要遵守的法则，但是你这个年纪的人往往都不注意。

至于你今后的行程计划，我非常满意。我非常赞同你去维罗纳，而不是威尼斯。威尼斯的水不太流动，这个季节，很容易污染空气。维罗纳的空气则纯净清新，而且据我所知，那里有不少优秀人士。单单马菲侯爵就非常值得你去一趟维罗纳。到了九月中旬，酷暑已消，我觉得你可以离开维罗纳去往那不勒斯。我希望你在那不勒斯的时候依然能够留心自己的肺部，以防肺部残留一些病症。但愿这种担心是多余的。在维罗纳，你应该去看看那里的圆形竞技场。那里和维琴察的那些出自建筑师安德烈·帕拉迪奥的杰作也非常有价值。你不妨花上三四天研究一下建筑上的五种风格，以及不同风格的大致差异，这样，你对于那个时期的建筑就有了基本的印象。帕拉迪奥本人写的建筑学专著为最佳。里面那些讲到建筑材料、水泥的使用方法这些技术性的内容可以跳过。

哈特先生告诉我，对于已经学过的古典知识，你时常去重温。不断的复习能够巩固记忆，让你不会遗忘。这方面的知识，你现在已经非常擅长，我希望，也相信，在接下来的一两年内，只要你每天能够坚持抽出两个小时的时间来复习巩固，你就可以融会贯通了。由于你需要学习其他的知识，也有别的事情要做。所以，我并不要求你在古典知识上花太多时间，每天两个小时就够了。你必须能够熟练地使用意大利语，无论说还是写。除了学校的知识以外，你还必须学一些逻辑学、几何学、天文学方面的知识，但是最重要的是，你必须学习关于这个社会的知识。这并不是轻轻松松就能够学到的，只有广结善缘、多多交友，才能够有所领悟。

想想你现在每分每秒都有多珍贵吧。你用在正事上的时间越多，你今后感受到的快乐也就越多，就像白天的运动能够促进晚饭时的食欲一样。

事业与娱乐能够相辅相成，蠢人才会觉得这两者相互对立。一个人如果不辛勤工作，就没有办法感受到生活真正的乐趣，而一个根本不了解生活的乐趣的人，是做不出什么事业来的。

请一定要明白，我所谓的乐趣，是指一个理性的人追求的高雅的乐趣，而不是一个下流的人追求的低俗的乐趣。高雅的乐趣，不会出现暴饮暴食；喝酒但不酗酒；玩乐，但是绝对不赌博；风流倜傥，但是决不放荡下流。做任何事情，理性的人都会有自己的底线，会坚持站在正确而高雅的一边，让自己能够得到欢乐而又不会有什么危险。而一个人如果站到了错误、低级的一边，他就会受人轻视，名誉扫地。

才学品德兼备的人，也有可能犯这样的错误。这并不是允许我们可以去仿效这些错误，而是提醒我们要更加警醒。一些追求时髦的人，总是不那么清醒。我常常看到一些上流人士，身上存在一些缺点，但是我却从来没有见过品行不端的人能够成为上流人士。品行不端，就如同犯罪，是可耻的。

愿上帝保佑你，我亲爱的孩子。

二十二、学外语的好处

伦　敦

1749年10月24日

亲爱的孩子：

上封信仅仅跟你提到我收到了10月9日的信，这封信我来专门回复。

你看了我9月12日给你的信，并且赞同我的观点，这让我十分高兴。实际上，正是由于你的认同，我才能够向你提供那么多的忠告。我会像一个富有人生经验的朋友那样对你郑重提出许多忠告，也会像一个伴你左右的知己那样与你掏心掏肺地交谈。我会把家长的权威抛在一边，因为这没有任何意义。如果你明辨是非、看重感情，就会接受我以朋友的身份给你提出的忠告，否则我摆出父亲的架子来强迫你接受我的观点，是多么尴尬啊！塔西佗曾经说过，有些时候，士兵根本不愿意服从将军的指挥，只是慑于惩罚，才不得不服从，但是这样的服从只是屈从。而我宁愿不要这样的屈从。

我发现，你觉得自己并不懂意大利语。但是我可以告诉你，你对意大利语的掌握已经相当好了，只是你自己意识不到而已，就好像上流社会的绅士会自然而然地出口成章。很少有人能够像你一样，把法语和拉丁语都学得很好，意大利语也学会一半了，不用看字典就能够理解。至于其中的成语、短语的微妙用法，你可以通过日常的交谈不断积累。我相信你用不了多久就能够融会贯通。所以，当你的词汇量足以让你提出或回答一些日常的问题时，你就要敢于用意大利语交谈，不要因为害怕出错而扭扭捏捏。碰到意大利人，如果可以用意大利语向他们问好，就不要讲法语。而他们的回答可以帮你学到更多的词，让你不知不觉间学会这门语言。另外，你对待德语的学习态度非常好，你知道这门语言的重要性，始终都没有疏忽大意。的确，对你的事业来说，德语的用处很大，而意大利语呢，有它的用处，可以为你锦上添花。很多负有盛名的作家都是在用意大利语进行写作。至于你说在意大利很少有成群结队的德国人，我想这是真的。对大多数的德国人来说，去意大利的花费可能实在太高了。不过你在罗马肯定能碰到一些德国人，他们要么是神职人员，要么是德国派驻罗马的大使的随从。在米兰，你遇到的德国人会更多，匈牙利女王的官员中有不少德国人。另外，你有一个撒克逊仆人，希望你只用德语和他讲话。

卡佩罗先生给我的信让我愉快到极致，他在信中对你大力赞扬，并且承诺在罗马，他会好好照顾你。他真是一个热情的人。我已经给他回了信。我希望你能够常去拜访他，并且要表现得彬彬有礼。他曾出任马德里、维也纳和伦敦地区的大使，是一个明辨是非、学识渊博、经验丰富的人，我相信他很乐意竭尽所能来帮助你，告诉你任何你想知道的事情。

卡佩罗夫人曾经是一个天真、喜欢幻想的美丽女性。但是一场天花之后，她的容颜不那么出众了，幽默感也变少了。但是这并没有改变她女性的美丽，你多和她接触的话，肯定能够提升自身的修养。当然，她还是觉得自己很漂亮，应该是众人关注的对象。她的地位也足以为她赢得别人的尊重。她这样的女性，往往可以锻炼年轻人，把年轻人培养得彬彬有礼、机智聪明。这对他们以后的发展有很大的帮助。

你肯定已经知道，我会经常和你谈论一些举止、礼仪、言谈和那些博取他人欢心的技巧的重要话题，我肯定你在其他方面做得足够好了，但是这一方面是否足够，我很担心。如果你不及时完善这些方面，你所学的一身本领都无从施展。

再见!

二十三、造就优雅礼仪的终极绝招

伦　敦

1749年11月14日

亲爱的孩子：

任何一个理智正常的人，身上都有一种良好的教养。这种良好教养是最基本的教养，潜在的善良的人都会去努力维护，它没有固定的形式，也与道德谈不上什么关系，在一个人去努力取悦他人的过程中能够表现出来。一个举止优雅的欧洲人身上有这种教养，一个善良淳朴的美洲野蛮人身上也有这种教养。但是我的意思却并不是要在取悦别人的同时放弃自己的利益。互惠互利是商业活动的基础，而这种教养也是如此。我为了你而牺牲自己的一些便利，你也为了我牺牲你的一些便利，人人为我，我为人人，最后都能得到好处。第三种教养具有比较强烈的地方色彩。不仅在不同国家形式不同，甚至在同一国家的不同地区也都有所不同。但是，它必须以前面提到的两种类型的教养为基础，而风俗习惯只赋予它外在的形式。

任何一个人，只要具备了前两种良好的教养（取悦他人、保护自己），再仔细观察留心，培养第三种教养（彼此牺牲，相互成全）可以说是轻而易举。这种教养，实际上只要不断磨炼就能具备。我们可以在各个国家的首都看到有这种良好教养的人，当然，不同国家的首都，这种教养的方式就不同。在罗马肯定和巴黎有区别，而巴黎又不同于马德里，马德里当然也不同于伦敦。因此，不管在哪里，聪明人都会关注当地的文明礼仪，找到最优秀的人并向其学习。他们会留意那些优秀的人与地位高于自己的人、与地位相当的人、与地位比自己低的人的不同的交谈方式。就算是微乎其微的琐事，只要对培养良好的教养有所帮助，他们都会仔细观察，一丝不苟。而聪明人与庸人之间的分别也正在于这种观察能力和鉴别能力。

另外，聪明人还会去观察那些优秀人士的气质、穿着和言谈举止，并且根据自身的特点选择性地学习模仿，丝毫不做作，更不会闹出什么笑话。这种能够融入自身的优雅，是一笔巨大的财富。人们还来不及认识到他们的内心之时，已经被他们的外在魅力俘获。这种魅力令人无法抗拒，仿佛具有某种神奇的力量。我相信，并不需要什么神灵，最优雅、最有教养的绅士，和最美丽、最文雅的女士，就能够给人们洒下最有魔力的迷药。所以，你不仅要穿着得体，更要光彩照人。我的意思并不是要你披金戴银，靠金银珠宝的光芒去抢人眼球，而是要你以内在的品味和风度来实现这一切。得体而又时尚的穿着，会得到女士们的欢心，她们认为这是魅力的源泉。可是，即便你穿的衣服再讲究，笨拙的举止也会把一切搞砸。我不愿意相信你到了现在言行依然不大优雅，你肯定已经从你那些优秀的朋友身上学到了优雅的风度和举止。离开伦敦的时候，你身上有着英国人的笨拙和不雅。之后在莱比锡的日子，估计你没有学到什么东西，因为那里并不是一个适于培养优雅的地方。而现在，你所待的地方，是一个培养优雅的最佳城市。只要你用心观察那些优雅人士的言行举止，你就可以明白优雅的真谛。你本来舞就跳得很好，我想等你返回伦敦的时候，舞会跳得更好。有些时候，人们迫于无奈才去做一些事情，但是日久天长，却能够把这些事情做得得心应手。舞跳得好对于年轻人来说是锦上添花的事情，你应该掌握这个给自己增光添彩的技能。

你现在的年纪，可能还没有办法拥有沉稳的言行举止、内敛的品行修养，但是你聪明机智，可以学会随机应变，让别人对你印象深刻，期待与你交流交往。如果我能听到一些上流社会的女士对你的夸奖，如果她们远远地看到你就议论："看那个坐在马车里的年轻人，多么讨人喜欢呀！他是谁呢……"那么，我就心满意足了。当然，我说这些，并不是让你只去博取女士们的欢心，你也要去获得男士对你的青睐。取悦女士的行为，稍加变通，就可以用来取悦男士。一个人在同上流社会的女士们交流的过程中，不断地锻炼自己的言行举止，整个人会越来越优雅大方，同时也可以形成注意力集中、彬彬有礼的良好习惯。这样一来，在与男士交流的时候，他也很容易博取对方的青睐，和对方建立密切的关系。你应该知道，如果你不擅长同别人建立亲密的关系，不擅长让不同的人支持你，那么你就没有办法在这个社会上做出什么业绩。你必须不动声色地让人成为你的支持者，表面上是顺从他们，但实际上却是他们顺从你。只有通过长久的礼貌、关注和某些手段，才能够建立起这样的关系。如果你想要获得别人的帮助和支持就必须要笼络他们，你可以仔细观察，了解他们的性格，在各种休闲活动和交谈过程中，用自己的魅力俘获他们的心。如果平时你没有和他们建立起密切的关系，那么到需要的时候才临时抱佛脚的话，他们肯定不理你。所以，你一定要在日常生活中去获得别人的好感，这样需要的时候，他们就会出手帮忙。

信写到这，我收到了哈特先生2日寄来的信。我会很快回复他，但现在，麻烦你代为转达我对他的谢意。一直以来，他都给了你很高的评价，我总疑心是他对你太过偏爱的原因。因此，如果将来他对你的哪一个方面不满意的话，那肯定是你的问题。那种情形肯定是他不愿意出现的，但是他还是会作为最重要的见证人如实向我报告。

再见吧！

二十四、赢得礼遇的艺术

亲爱的孩子：

上一封信中，我和你谈到了良好的教养。除了了解良好教养的用途和意义以外，我想你还需要知道没有教养的不足和不便。良好的教养能够产生积极的影响，而没有教养却只能产生消极的影响。所以，我需要进一步向你解释培养良好教养的重要性，更要让你能够凭借自己良好的教养成为出类拔萃的人才。

你可以深刻审视自己的情形，确认自己身上的良好修养是否为你赢得了他人的礼遇。我可以明确地告诉你，一切就如同俗话所说的那样，礼尚往来。一个人怎么对待别人，别人就用同样的或者更强烈的方式来回馈。如果一个人对别人漠不关心，别人也就对他漠不关心；如果他对别人疏忽怠慢，别人也就对他疏忽怠慢；如果他对别人没有礼貌，别人可能就会更加没有礼貌地对待他。总之，一个人行为没有教养，便很容易陷入泥潭。从某个方面说，你将来要从事的工作，比其他职业更需要良好的教养。当你和别人谈判的时候，如果缺乏良好的教养，你的谈判对手就不会尊重你，而你最终获得成功的概率就非常低。同样，当你走进宫廷，如果没有那些能够取悦他人的教养，就没有办法赢得别人的信任，也就没有办法知道任何机密。所以，我反复向你强调，良好的教养、取悦于人的行为和优雅的言谈，是事业成功的一半。

如果你没有良好的教养、别人对你有意见的话，那么他们必然不会愿意对你的学识和理想有什么关注。但如果你能够通过良好的教养赢得他们的好感，那么他们就会理解和赞同你的意见。然而，要想赢得人心，仅靠那些基本的教养是不够的。别人给你鞠躬，你也简单地回以鞠躬之礼，别人和你攀谈，你机械地回答，没有什么无礼的言辞。这么做都只是最基本的教养和理解，不会冒犯他人，但是要取悦他人，却不可能。一个人只有积极热情、乐于助人、内外兼修,才能够赢得男士们的友情和女士们的欢心。与人交往的时候，要特别留心对方的心情、喜好或某些缺陷，同时自己要表现得坦然大方，开朗热情，绝对不能让对方觉得你会拿他的缺陷开玩笑。比如，你邀请某人共进晚餐，这个时候，你就要想想他们是不是有什么特别偏爱的菜肴，如果有，你就应该点这道菜。菜上来后，你应该说："我记得，以前在什么样的场合，看到您喜欢这道菜，所以就为您点了。另外，我记得您比较喜欢这种酒，就也想办法弄了一瓶。"这些事情虽然貌似琐碎，但是却能够体现出你对他用心之细，很容易便能够赢得他的好感。你可以问一下自己，如果别人这么照顾你，你的自尊心和虚荣心是否会感到极大的满足呢？事实上，这世界上生活的每一个人都应该会有这样的感受，只是程度不同罢了。你还可以想一下，对于这么关注你的人，你是不是会对他心生好感，觉得他的一言一行都令你愉快。如果你能够这么对待他人，他人必定会对你心存好感。

从一定意义上说，女人的力量不容忽略，她们要么能够帮你声名远播，要么能够使你声名丧尽。所以，在和女士交往的时候，一定要表示出对她们的尊重和关注。这能投其所好。而且你所有的表现都应该是发自内心的，而不是逢场作戏，这是绝对必要的。在公共场合，你要对她们以礼相待，尽量给她们提供便利，比如，从她们下马车到在位子上落座整个过程中，你都要殷勤地照顾她们，但是却不能表现得谄媚。非礼勿视，但是如果实在没有办法，你就假装没有看见。总之，你会有很多机会去为女士们效力，即使没有，你也要创造机会。跟女士谈话的时候，你一定要表现得彬彬有礼，同时尽量满足她们的虚荣心。你要让他们相信，你对她们说的每一句话，为她们做的每一件事情，都是因对她们的美貌、智慧或品德的仰慕，无论你的心底是否仰慕。

事实上，就虚荣心来说，男人和女人是一样的，只是表现的形式不一样。只要你具备了良好的修养并且掌握了取悦他人的技巧，你就可以用言谈举止来满足男人们的虚荣心，博得他们对你的好感。等你回到英国之后，我可能——确切地说应该会——安排你和某个王室的人聚一聚，这样，你那良好的教养、优雅的谈吐和你学到的宫廷礼仪会帮助你赢得他的好感，甚至帮你赢得大使的位置。如果单纯依靠学识，是绝对不可能获得这些的，因为王公贵族很少关注事物的内涵，他们关心的只是事物的表面。我不建议你与他们探讨过于深入的话题，这样只会自找没趣。一般来说，王公贵族，特别是那些出身帝王之家的人，他们所受的教育、他们言谈礼仪的习惯，都和女士差不多，见识比较广，但是都不深入。你可以依靠自己的外在素质赢得他们的好感和欣赏，然后再依靠自己的内在修养加深他们的印象。至于那些泛泛之辈（毫无疑问，这种人占了人类总数的四分之三)，良好的教养、言谈举止就完全够了。如果你没有办法让他们觉得赏心悦目，那么可能就没有办法赢得他们的好感了。

不管我的说法是对是错，但是就我个人的经验来说，我就是这样来判断人的。一个人如果没有教养，粗俗不堪，是绝对不会给我留下好印象的，我可能会因此武断地认定他的品德低下，而绝对不会去探究他是否具备良好的品德。

我经常在自己的头脑中勾勒你现在的模样，当我根据你已经掌握的古今中外或实用或有趣的那些知识，来审视你的时候，我便不禁因你会有大好的前程而激动。但是如果我眼前的形象是一个缺少教养、粗俗、没有风度，而且对我都心不在焉的你，我就会心情糟到极点，如同曾经一位卓越的画师给一位父亲画了面纱，而我也只能给自己愤怒的面容遮上一块纱布。

我相信你已经掌握了充足的建筑知识了。你一定知道，在所有建筑风格中，托斯卡纳建筑是最为坚固、最有支撑力的，而同时，它也是最粗糙、最笨拙的。托斯卡纳的建筑风格可以为宏伟的建筑做地基和底层，这样谁也看不到它粗糙的一面，又能很好地发挥它的支撑作用。但是，如果整栋建筑都采用托斯卡纳风格的话，那么它的粗糙肯定不能吸引路人的关注，谁也不会想要参观。人们只会理所当然地推测，外表如此粗糙的建筑，内部肯定好不到哪里去。可是如果我们只在地基采用托斯卡纳风格，而其他的上层部分则采用多利安建筑风格或爱奥尼亚风格或柯林斯风格的话，那么它协调的外表，精美的装修，会令心不在焉的路人都驻足观赏。如果这栋建筑要出售，那么买的人肯定争先恐后。我可以把你比做这样的一座宏伟建筑，目前你的大部分都是托斯卡纳风格的，而不是柯林斯风格的，所以，你必须从头到尾地修饰自己的外在，否则，根本不会有人问津。你在装饰的过程中，要注意加入亲切随和的为人、出色的教养、能取悦他人的言谈、风度翩翩的举止、大方得体的穿着，还有年轻人应当具备的所有其他优点。只有这样，你才能够熠熠放光，吸引众人。

我想，你会为了我而朝这个方向努力。等你回到伦敦，如果我没有办法放下心来让你去招待我们的客人，如果我还觉得把你介绍给别人令人尴尬，如果我发现你在就餐时动作笨拙、心不在焉，而碰巧有一个朋友也注意到了这一点，那后果就严重了。如果真有这样的情形，我必定深深地失望，我宁愿你切肉的时候切伤自己的手，喝汤的时候呛着，也不愿你在众人面前这么丢人现眼。

这个话题的确值得长篇大论，不论是正经地说，还是开玩笑地聊，都可以说上好久。我不可能把良好教养的好处给你一条条地罗列完全。世界上，任何一种关系都没有亲密或疏远到一点都不需要礼貌和教养的地步。你是个聪明人，肯定知道这一点，你也是一个善良淳朴的人，有良好的教养的潜质。而你的未来与这些关系重大，要求你必须努力去培养这样的教养。我相信，通过细致的观察和不断的锻炼，你一定能够成为一个风度翩翩、优雅得体的绅士。

你得到了罗马，才会收到这封信。我希望你能够在那里待上六个月，这样你的各方面都会有很大的进步。在白天，我希望你听从哈特先生的安排，跟随他安排的老师学习知识。到了晚上，我希望你去拜访罗马的女士们。这两方同样重要，你都要重视。但是我得告诉你，罗马的女士们并不是什么学者，你没必要和她们谈论希腊的古典知识，而是应该凭借你的良好教养和优雅风度来赢得她们的欢心。

我经常跟你说，最渊博的学识和最文雅的举止是相辅相成的，尽管我们很少看到两者兼具的人。我在努力地去做，以便能够担任你的榜样，如果你发现我做得不好的地方，那么感到焦虑的肯定是我，但是遭受损失的却必定是你。不过，博林布鲁克子爵是一个很好的榜样。他博学多才，优雅大方，教养良好，几乎是个完美无瑕的人。对于他的博学和礼仪，教皇曾经非常中肯地说他是“全能的圣约翰”。他以前确实有因为过于强烈的野心和激情而生的一些缺点，但是，随着年龄的增长，阅历的丰富，他已经渐渐改掉了那些缺点。现在，他的谈吐令人侧耳倾听，他的雄辩能够说服人心，他的学识让所有前去请教的人都获益匪浅。我希望你能够努力去学习现在的他，而不是过去的他。吃过晚饭到睡觉这段时间，你要做的唯一事情就是要用尽办法培养自己的教养、言谈举止。没有这些，你将一无所获，有了它们，你能建功立业。

代我向哈特先生问好。再见吧，我亲爱的孩子！

二十五、左右耳朵便左右了人心

伦 敦

1749年12月9日

亲爱的孩子：

已经有四十年了，我每说一个字，或写一个词，都要经过一番思考，看看它们是否合适，能否找到一个更合适的。现在，一个不合适的停顿都会让我感觉不舒服。而且，世界上其他人也都是如此，愿意去改正放弃那些粗糙的地方，追求令人愉悦的美好。我既不会骄傲，也不会故作谦虚，而是要坦白地告诉你，我作为一个演说家，赢得的名声完全得自于自身长期以来对措辞的谨慎选择，而不是演说的主题。其他的演说家也是同样。而当将来如果你进入议会，如果你想赢得演说家的名声，也必须要依靠你的措辞和停顿，而不是演说的内容。我想，这是一个普遍的现象。吸引观众注意力并博得他们好感的往往是修饰成分。

我由衷期待你能够在议会树立一个良好的形象。如果你最终能够如我所愿，那么你会为自己的成绩而自豪，而我也会以你为荣。要在议会内树立良好的形象，你就必须先成为一位优秀的演说家。我这里使用了“必须”这个词，我知道，只要你愿意，你一定可以做得到。

一般的人总有一种误解，他们觉得优秀的演说家就像是彗星一样不可思议，令人敬畏。正是由于这种错误的认识，许多年轻人心灰意冷，不敢去尝试成为演说家。而优秀的演说家却乐得人们把自己的才能看成奇迹，即便不是如此，他们希望至少被人看成上帝特别赐予他们的天赋。现在，我们就来一起仔细地分析一下优秀的演说家吧。他们身上总是带着荣耀的光环，并且为此自鸣得意，享受着无知的人对他们的膜拜。但是，当摘掉他们的光环之后，我们就会看到真实的他们：学识渊博、思维缜密，能够优雅大方地表达自己的观点，这里没有丝毫的神秘，一个具备了卓越才华的聪明人，不会就某个话题夸夸其谈，而同样，如果他具有最基本的品性和认真的态度，他也不会讲出粗俗的话语。那么一个人如果要在议会里演说，到底需要具备什么样的演说技巧和艺术呢？实际上，只有一点秘诀：他需要学会从容不迫。当在面对四百多人的下议院进行演说时，他应该就像平时坐在壁炉旁或餐桌前，像面前顶多十四个人时候的样子，围绕自己的主题娓娓道来。只有这样，他才有可能保持比下议院的任何人都更清醒、更有洞察力的态度。

我有很多机会在议会里演说，而且经常都能得到大家的鼓掌喝彩。通过我自己的经验，我可以告诉你，这并不难。优雅的风度和讲话时的抑扬顿挫，能够让听众印象深刻。你在演说的时候，只需要在某些时候给他们一种微风拂面的感觉，他们就会像听了歌剧一般，时常回味这种感觉。人们一般只会用耳朵去听，而不会用头脑去辨别，所以，如果你能够取悦听众的耳朵，那么，你就能够左右他们的判断力，确保自己的演说打动他们。

古罗马的雄辩家西塞罗清楚自己在演说这个行业中卓尔不凡的地位，为了衬托自己的身份，他在《论演说家》一书中宣称，一名演说家通常都是千年难得的旷世奇才，需要学贯古今中外，通晓所有的学科和艺术，不然怎么可以就相应的话题演说呢？实际上，他这个定论是没有基础的。虽然我非常尊重西塞罗，认为他是演说方面的权威，但是我还是要自己给演说家下一个定义，我相信，我的定义更加符合现实。我认为，如果一个人能够就任何话题进行正确的推理，并且可以优雅大方地将自己的推理过程表达出来，那么，他就是一个演说家。我从没有听说过几何学中的问题、代数中的方程式、化学中的化学反应过程、解剖学中的解剖实验这样的演说内容，所以，我觉得，就算不懂得几何、代数、化学，或者解剖学，一个人同样可以成为一名优秀的演说家。更何况在议会上有争议的所有问题，都是常识性的问题。

我想到什么就全都写了下来，我相信，就算这些不能帮你成为一名优秀的演说家，至少也会让你长点见识。但愿我的心血不会白白浪费。如果你关心自己的前程有我关心你的一半的话，我想我付出的一切就不会是空忙一场。

再见！

二十六、学会入乡随俗

伦 敦

1749年12月16日

亲爱的孩子：

希望你收到这封信的时候，已经安全到了罗马，并且安顿了下来。在经历过充满波折和意外的冬季远行之后，你肯定学会了耐心。

我认为你在罗马停留的时期对你的人生至关重要，我相信你必定能充分利用时间。我希望你白天的时候随哈特先生认真学习，充实自己的内在修养，而晚上，则多去接触一些罗马的优秀人士，培养自己的外在风度。如果是一个传统沉闷的父亲，会要你秉烛夜读，但是我希望你晚上去追求自己的乐趣。实际上，这也是教育的一部分，就像你白天的学习一样，必不可少。你可以去参加上流人士参加的所有活动，他们如何，你也如何。同时你要尽量展现自己，将人们的目光吸引到自己的身上。学会意大利人的风流、潇洒与多情。你要对遇到的每个人说意大利语，不要害怕自己说错，大胆说。如果说错了，你就立刻自嘲，别人便不会拿你的错误来开玩笑了。只有不断地以意大利语会话，你才能学会说好这种语言。我希望你能够在离开罗马之前做到这些，而且我相信你肯定能够做到。平时，你可以出去参观一下那些有特别意义的名胜古迹，这样你便可以不再去阅读很多老掉牙的书籍。古罗马皇帝图拉真时期和安东尼时期的建筑，都非常值得参观，在那些地方，你能够看到罗马帝国时代军队的武器、服饰和庆祝凯旋的纪念品，你也能够买到介绍古罗马辉煌历史的书籍。你可以边读边对照古迹，进行比较。大多数年轻人在这些地方走马观花一下，称赞一声它们保存得完好，然后就满足了，回去忙自己的事情了。我希望你对待它们的方式能够有所不同。对于自己看到的、听到的东西，你都应该去认真审查，明白原委始末，切忌走马观花。你在罗马的这段时期，还会看到很多游行队伍，希望你能够去搞明白它们游行的目的和意义。所有的庆典活动，你都要尽量出席，了解举办这些庆典的原因，或者至少搞明白它们是以什么名义举办的。不管这原因有多么荒谬可笑，你也要表现得端庄得体。

请千万不要整天都和英国同乡待在一起。你应该多和罗马人，还有其他国家派驻罗马的外交人员接触。我安排你出国游学，就是为了让你增长见识，去领略一下其他国家的风俗和礼仪，学习当地的语言，而不是让你去和那里的英国人用英语说话。如果你把所有的时间都花在了和英国人的交流上，那么，出国的安排就没有什么意义了。在你那些性格比较沉稳的朋友当中，我向你推荐耶稣会士，如同我过去建议过的。他们学识渊博，穿着优雅，会令你感觉愉悦，还会对你有好的影响。尽量去详细地了解这个团体的历史、宗旨和活动，从创立者依纳爵·罗耀拉[①]开始（罗耀拉本人是一个狂热的人）。如果你想要了解他们的道德主张，你可以从著名的帕斯卡[②]先生的《书信集》中找到全面而详尽的知识，你非常应该去读一下这本书。

很少有人能够看清楚自己眼前的东西，或听清耳边的东西。他

① 依纳爵·罗耀拉（Ignacio de Loyola，1491—1556）西班牙人，是罗马天主教耶稣会的创始人，也是圣人之一。他在罗马天主教内进行改革，以对抗由马丁·路德等人所领导的基督新教宗教改革。

② 帕斯卡（Blaise Pascal，1623—1662），法国数学家、物理学家、宗教哲学家。

们看和听的时候心不在焉，和没有看到、听到没有太大区别。你决不会如此，你会认真理解思考你看到和听到的东西。你现在还有两年的宝贵时间，这段时间对你将来性格的塑造非常重要。如果你没有充分利用的话，未来你肯定会追悔莫及。等你回到英国后，不用两个月，你在公众当中的印象便成定局，没有办法改变。所以，这两年里面，你要坚持向完美努力，完美应当是每个人努力的目标。虽然从某些角度说，一个人永远都没有办法达到完美的境界，但是只要坚持不懈地努力，就能够离完美越来越近。

在所有的事情中，我希望你把精力集中在两门重要的艺术上：谈话的艺术和取悦人的艺术。没有这两者，你其他的才能都会受损，甚至没有机会表现。它们是助你飞在众人之上的翅膀，没有它们，你只能在一群庸人之中爬行。请你施展你优雅的气度、谈吐和礼仪，以你的如簧巧舌去打动他人，你就可以轻易地实现自己头脑中的梦想。

我希望你能够将你在罗马的情况详细地告诉我，不要简单地描述你看到的东西，重点要告诉我见到了什么人，参加了什么活动，你经常和哪些人来往，而他们对你的态度又是如何的。告诉我吧，尽量用意大利语。如果你使用得多的话，这门语言就很容易掌握。维森格纳诺夫人是位好客的主人，你可以去拜访她。再见，亲爱的孩子，记得保持潇洒、善良和可爱，这些是人们对绅士的要求。

二十七、基本品质的重要优点

伦 敦

1750年1月18日

亲爱的朋友：

你知识大厦的主体部分即将完成，现在我为你挂心的是怎么去装修这座大厦，这会耗费你很大的精力。如果没有牢固的主体的话，那么即使用最优雅的品质来做装饰，也会显得轻浮、浅薄，没有牢固的主体，一切的装饰都只是表面功夫。比方说，有这样一个人，虽然没有什么知识，但是却长相出众，擅长演讲，言行举止都优雅得体，他身上具备一切必要的品质。而另外一个人，有着敏锐的观察能力和渊博的学识，但是却没有上述的优点。在追求、讨好各色人等的时候，前者明显比后者有优势，但是实际上，这两种人之间毫无可比性。那么，这些品质是否是任何人都可以学会的呢？答案是非常肯定的，只要愿意时常与上流社交圈交流，并且愿意用心观察模仿优秀人士的优雅言行。

有些时候，第一次见到某个人，你就会深深被他吸引，自然而然地对他生出好感，你自己都觉得这种感觉莫名其妙。但是，如果仔细观察分析，你就会发现，他身上有很多迷人的品质：温和谦卑的态度、文雅大方的举止、开朗活泼的神色、得体恰当的穿着。这些品质，你要好好地学习。但是学的过程中不要出现奴性的姿态，而要像最伟大的画家对待临摹的范本一样，让摹本与底本都能够展现出美。当你遇到一个广受欢迎、举止得体的人，请你仔细观察他和上司说话的方式，他与同辈相处的方式，还有他对待下级的态度，注意他在上午会客、中午就餐和晚间娱乐时谈话主题的不同。你要去模仿他们的言行举止，这么做并不是像小丑为了取笑而拙劣地模仿，你模仿的目的是要成为和他们一样优秀的人。但是你不要去做他们的复制品。

你会发现他们一言一行都非常谨慎，不会伤及他人的虚荣心和自尊心。和他们相处十分愉快，对他们的好感会自然而然地产生。他们待人温和文雅，总是保持着尊敬的态度，时时流露着对他人的关心，这些都让人感觉非常温暖。这些讨人喜欢的本领，是需要通过学习和模仿才能得到的。实际上，我们身上的大部分的品质都是通过模仿形成的。关键在于要选择优秀的模仿对象，然后仔细地观察研究。人们会自然而然地受到与之交往的人的影响，风度、举止、他们的思维方式，甚至是他们的缺点。这是千真万确的。我认识许多人，因为经常和聪明人交谈，结果自己也变得非常聪明。因此，坚持与优秀人士交流，你就会逐渐成为他们那样的人。仔细观察他们的言谈举止，你就可以加入他们的行列。与人交往不可避免会受他人影响，所以你必须要时刻铭记与优秀人士往来的必要性，尽量远离下等人，因为他们身上总是有很多缺点。到现在，你和举止得体的人来往的机会非常少。毋庸置疑，威斯敏斯特学校是培养没有教养的粗人的中心，莱比锡也没有办法培养出言谈得体、举止优雅的人。我觉得这方面威尼斯还可以，罗马应该会更好些。我敢肯定，巴黎能够提供你需要的任何品质，只要你与巴黎的上流社交圈保持往来，不断地改善自己的言行，千万不要什么都不做。

这里，我要列出一些必要的基本品质，如果缺少了这些品质，一个人不会得到他人的赏识，也不会在这个世界上取得什么成绩。

我担心你现在还没有具备这些。当然，只要你努力学习，肯定就能够学会。

不管用什么语言说话，都要措辞优雅得体，不然，没有人愿意听你讲话，你的目的也没有办法实现。

讲话要清晰明了，有说服力，否则没有人会有耐心听你讲完。这是每个人都能够学会的，只要发声的器官没有问题。你并没有这样的问题，所以，一切都看你的能力。在这方面，你付出的艰辛会比狄摩西尼少得多。

言谈举止要彬彬有礼。感觉、洞察力、好的友人和不断模仿，会帮助你得到这些。

保持文雅的举止与优美的姿态和时髦的风采。一个优秀的舞蹈老师、多多地自我观察、向擅长的人学习模仿，一切都会掌握。

仪表整洁，穿着得体，与自己的身份相合。学生时代不讲究穿着是可以理解的，但是现在已经不行了。

总而言之，这一切都是必需的。如果没有这些，你学了什么，做了什么，都没有太大意义。

再见!

二十八、覆水难收，珍惜时间

伦　敦

1750年2月5日

亲爱的朋友：

能够精打细算地管理好自己财富的人不多，而能有效合理地管理好自己时间的人则更少。这两种人，以后者更加可贵。你到了需要认真考虑管理自己的财富和时间的时候了，我由衷地期待你能够做到最好。

年轻人总会以为自己的时间还有很多，因此就肆意地荒废，一点都不觉得可惜。这种心态就和那些有百万家财、花起钱来大手大脚不知道珍惜的人一样。等到将来发现时间或财富都散失殆尽的时候，想后悔都来不及了。曾经担任过威廉国王、安妮女皇和乔治一世国王的财政部长的朗兹先生曾经说过：“管好小钱，不愁大钱。”他不仅提出了这样的至理名言，还身体力行去付诸实施。他给他的两个孙子分别留下了一笔遗产，而他们也正是以这笔遗产为基础积累起了巨额财富的。

这话用来形容时间同样适用。我非常希望你能珍惜生命中的每一分、每一秒，不要因为时间的零散短暂而忽略它们。如果不珍惜分分秒秒，那么一天的时间转瞬即过，而一年中浪费的时间也不计其数。

比方说，你和人约好了12点钟在某地见面，因此，你11点钟出门，打算先去拜访两三个朋友，可是不巧他们都没在家。那么与其到咖啡馆中呆坐着打发时间，还不如直接回家，找点别的事情来做。你可以利用这时间给别人回一封信，或者看上一本书。当然，时间很短，不适合去阅读笛卡儿、马勒伯朗士[①]、洛克或牛顿等人的作品，不过你可以选择一些短小风趣的文章，比如贺拉斯、布瓦洛[②]、拉布吕耶尔[③]等人的作品。这样，你就充分地利用了这段零碎的时间，真正地做到了节约时间。

但是，有很多人浪费在阅读肤浅无聊的书上面。有些人喜欢看两个世纪前流行的传奇故事，或是来自东方的《天方夜谭》，或是现在在法国很畅销的那种神话故事小册子。我劝你千万不要浪费时间读这些书，你要坚持阅读各国的经典作品，读那些著名的诗人、历史学家、演说家或哲学家的作品。

因为懒散，许多人常常不知不觉就把时间荒废掉了。他们靠在躺椅上，懒洋洋地打着哈欠，心里面想着反正时间不多，什么都做不了。这么想当然干不成任何事情。不知道如何合理地安排时间，是一个人获得知识和财富的最大障碍。像你这样的年轻人，刚刚进入社会，生活不应该有懒惰、闲散的气息，而是应该积极向上，勤勤恳恳，不知疲倦。记住，今日事，今日毕，千万不要拖到明天。

讲究效率是做事的关键，提高办事的效率需要运用合适的方法。每件事情都需要讲究方式，并且坚持到底，除非有意外发生，否则不随意改变。一个星期之中拿出几个钟头或是一天的时间来管理自己的账目，把收支按照顺序排列出来，这不会花费多少时间，却会

---

① 马勒伯朗士（Malebranche，1638—1715），法国哲学家。法兰西科学院院士。

② 布瓦洛（Boileau，1636—1711），法国著名诗人、美学家、文艺批评家，被称为古典主义的立法者和发言人。1674年的《诗艺》，被誉为古典主义的法典。

③ 拉布吕耶尔（La Bruyere，1645—1696），法国作家。

让你对自己的财务了如指掌。信件和论文存档时，不管是什么类型的，都给它们加上个摘要，然后分类收藏，需要时，就能快速找到相关的资料。阅读也要讲方法。你可以利用早上的时间看点书。记住，看书必须坚持不断，不要断断续续，不讲方法。很多人喜欢挑某些作家作品的篇章段落来读，有些人喜欢频繁地换书，这样很难领会书的主题。随身带个摘抄记录的本子，不管读什么样的书，摘抄都有助于记忆。但是请记住，千万不要摘录那些掉书袋但没有实际意义的句子。读历史书的时候，要常备地图和年表，以便及时查找。没有这些工具书，历史书就会成为一堆令人发晕的堆砌的史料。我还要推荐一种非常有效的方法给你，曾经我有一段时间过着纸醉金迷的生活，我就是用这种方法来安排工作和娱乐的。它非常有效。那就是“按时早起”，不管前一天晚上多晚睡觉，早上都要按时起床。这样，每天早上做其他事情之前，你可以有一两个小时来阅读或思考。

也许你会说，就像其他年轻人那样，一步一步地做事情太过死板和麻烦，年轻人的自由和激情得不到发挥和施展，只有蠢人才会那么做。可是我不赞同这种说法，而且我要告诉你，遵循程序和方法会帮你节省时间。如果你坚持一个月的时间都按照某种方法行事，你会发现你没有因此遇到什么麻烦，事情反而井井有条，事半功倍。如果你再放弃这种方式，你会发现很麻烦。不讲究方法是做不成任何事情的。事业可以激发人们的意志，让人们感到快乐，就好像运动有助于促进食欲。聚会、舞会、社交，对于一个有工作的人的影响远远胜于对一个失业者的影响。我敢说，一个美丽的女士对于学习或工作的人的兴趣远比对游手好闲的人的兴趣大。闲散和倦怠会蔓延，会令人对自己的快乐感到厌烦，对所有事情都失去兴趣。

我希望你能够得到快乐，并且能够时常地去感受它们。顺便说一句，我认识很多人，他们总是自称为快乐的人，实际上，他们一点都不快乐。他们不加选择盲目地崇拜他人，没有任何的品位。很多这样的人矫揉造作，但他们觉得自己很优雅，他们就如同衣服架子一样笨拙地处于众人之间。除了你别人都没有生活的快乐，你就会在众人之间熠熠放光。

你呢？你有没有保持良好的礼仪？有没有展现你的幽默？有没有表达你对别人的尊敬？有没有关注你感兴趣的问题？请写封短信告诉我。

也许，你会完全相信我的说法，我是一个严格的督察员，会监视你有没有犯错。我是你的朋友，是快乐的倡导者，会用自己的全力来帮助你。

维持快乐是一种尊贵的行为，维持事业也同样是。一个陷入爱河的人也许会迷失掉他自尊的心，但是却不会丧失自己的品位、自己的性格,沦落为一个乞丐。体面人在餐桌上能够有良好的鉴别能力，不加区别的暴食会将其变作一个饕餮。体面人也会娱乐，但是却不会赌博，那让他觉得丢脸。活泼与风趣能使一个人在人群中出类拔萃,但是陈腐的玩笑与肆意的笑声却会使一个人成为小丑。人们常说，每一种美德，都有一种恶习的近亲。我认为，每一种快乐，附近都潜伏着一种耻辱。因此，要特别留意美德与恶习之间的界限，不要越雷池一步。

我向上帝祈祷，希望你能从我的建议中找到快乐，就如同我向你提出建议时感受到快乐一般。也许你会更容易就感受到，这些建议与你的快乐并不矛盾。最后，我想对你说，我唯一考虑的就是你的利益，相信我的经验，你知道你是我的至爱。

再见！

我最近一直都没有收到你的信，也没有哈特先生的信。

二十九、令人讨厌的习惯

伦　敦

1750年3月19日

亲爱的朋友：

我收到了你2月24日的来信，关于你信中提到的地震，可以告诉你，我们这里也发生了地震，比我们以前一起经历过的地震更要严重。这里28天之内，就先后发生了两场强烈地震。它对我们这里寒冷的气候太过偏爱了。你那里温暖得多，温暖的阳光能够抚慰心灵，我们这里却没有享受到。

我并不觉得当今的教皇会把竞技场这般宏伟的古代遗址拆毁而去造七座小教堂。不过，不管他的艺术品位有多么糟糕，你在离开罗马之前，都要想办法找人帮你引荐一下。如果你有机会拜访他，一定要毫不犹豫地去亲吻他的鞋子，或是施任何需要的大礼。我希望你能够有机会见识到所有的礼仪，而且我相信，以你现在的意大利语水平来说，肯定能够听得懂“这是我们伟大的圣父”这样的简单话语，并且可以做出相应的回答。我希望，你和其他人能够流畅自如地用意大利语交流。当然，我并不是说你一下子就能非常熟练，但是，通过慢慢地练习，你肯定可以做到。我跟你说过很多次了，困难再大，也是可以征服的。

你已经学会了足够多的知识，它们是“开端和源泉”，现在，你要关注一些琐碎的事情，它们是成就伟大目标的重要因素。说到这，你肯定已经猜出来了，我要说的是礼仪、举止和谈吐。这些都是一个上流社会的绅士应该具备的优雅风度。一个人的风度都是通过一些小事体现出来的，这些事情看起来微不足道，但是累积在一起就意义重大了。比如，在就餐的时候，你切肉、吃喝的动作是否优雅娴熟？你坐立行走的姿势是否风度翩翩？你是否对那些粗俗笨拙、缺乏教养的行为时刻保持着戒心，不会当众在身上乱抓乱挠，也不会把手指头伸进嘴巴、鼻孔和耳朵里？在学校的时候，人们很容易疏忽，因而形成一些令人讨厌的坏习惯，但是以后再想改就难了。对我来说，我绝对无法接受一个在群体中显得那么粗俗的人。

你穿着得体吗？想不想让自己变得光彩照人？这也是很重要的东西，可以吸引别人的注意。参加聚会的时候，你的表现是否能从容大方、优雅动人？作为一个绅士，就必须具备所有这些品格。我没有办法全都罗列出来，但是，你可以从那些优秀的人士身上学习到。现在，考虑到你将来的工作，你应该操心的就是怎么让自己变成一名优雅的、出众的绅士。

等你回到伦敦，我觉得你有许多事情可做，都比去格雷旅馆会见奥斯波尼先生更有意义。比如说，阅读。你可以买一些好书，认真研读。最好的书籍往往是那些最普及的书籍，最好的版本又往往是最新的，因为编辑们都不傻，他们在编辑新版本的时候都知道去学习过去的各个版本。但是，千万不要费力气去研究各个版本的封面扉页有什么区别，这些无非是一些卖弄学问的表面伎俩罢了，没有什么深刻内涵。我有一些好书，虽然不是很多，但是对你来说已经足够了。比如，旧版本的柯拉纳，和1550年版本的马基雅维利的作品。你要小心些，不要像我一样染上藏书癖。

不管你是在学习还是娱乐，都千万不能忘了自己的目标，那就是欧洲的政治事务。你可以通过阅读报纸了解到不同时期不同地区发生的各种事情，而且你需要透过事件本身，看清楚它们的来龙去脉，比如说，你可以在当年发行的报纸上查一下《尼斯塔德条约》[①]和《图尔库条约》[②]的资料，弄清楚俄罗斯和瑞典两国之前的争端。按照现在报纸的说法，意大利的事务是现在各项谈判的主要内容，而且还一次次地重提到1718年的四国同盟，以及之后1748年签订的《第二亚琛和约》而生的种种变化。顺便说一句，从这个和约你可以了解到小唐·菲利普（和你同名）对帕尔玛和普拉岑奇亚不同的占有过程。你还可以了解一下查尔斯大帝关于割让那不勒斯和西西里地区的《第六次议案》，只要现在的西班牙国王一死，这两个地方就会成为导火索。在了解这些事情的时候，千万不要遗漏任何的线索，它们之间都有很直接的关系，如果一个地方弄错了，想理解事情的来龙去脉就难了。

请转告哈特先生，我已经拜托爱因斯德伦伯爵把包裹带给了菲尔曼男爵。爱因斯德伦伯爵今天从伦敦出发前往德国，取道维也纳去意大利。他希望能和你在意大利的某个地方奇迹般地巧遇。

再见，我的朋友。

---

① 《尼斯塔德条约》是俄国与瑞典于1721年签订的不平等条约。瑞典因条约丧失大片土地，而俄国则取得了波罗的海的出海口，并从此称霸波罗的海，成为欧洲列强之一。

② 俄国与瑞典于1743年前签订的条约，瑞典割让了大片土地给俄国。

三十、巴黎之行的参考

伦 敦

1750年4月26日

亲爱的朋友：

你的巴黎之行日渐近了，不管从哪个角度讲，这段时期都将是你人生中的重要阶段。所以，从现在开始，我给你的每一封信，所关注的主要就是你在巴黎期间应该注意的各种事情。哈特先生不会陪你一起去巴黎，你以后必须凭借自己的判断来处理事情了。你现在不过18岁，我怎么都不太放心，我相信你能够理解。

到了巴黎，你会发现学院中很多年轻人处事没有你细心。你肯定要和他们交往，但是，我希望你在和他们确立任何关系之前，先搞明白他们的品格和性情，选择那些出身良好的人来往。你在这些人身上多用心，要成为他们的座上客和朋友。法国的年轻人一般都比较冲动，所以，你在和他们交往的过程中，要注意分寸，不要拿他们乱开玩笑或是嘲笑他们，尽量避免和他们产生冲突。如果你愿意的话，就和他们一样充满生机吧，但是同时要比他们明智。你会发现他们大多数的人都学识浅薄，但是不要去指责他们的浅薄，也不要让他们觉得你高人一等。那并不是他们的错误。他们接受教育的主要目的是参军。但是另一方面，不要让他们的浅薄和懒散打乱你日常的学习。不要和他们一起吃早餐，这会浪费大量宝贵时间，你可以告诉他们（不要用说教的语气），你上午的这两三个小时是要用来学习的，其余的时间倒是很乐意与他们共同度过。不过，我仍然希望你在晚上能去结识一些优秀的人士。

我必须强调一点，你千万不要去巴黎那些所谓的英国咖啡馆，那里只有一些下层的英国人，多半是些苏格兰和爱尔兰的亡命之徒。互相吵架、酗酒闹事，时有发生。在我看来，这是巴黎最容易引人堕落的地方了。这些咖啡馆和酒馆，在巴黎都没有什么好名声。

巴黎人的穿着都比较高级，言谈也都很优雅，所以，在你搞清楚对方的身份和品格之前，一定要小心谨慎，和他们保持一定距离。你在戏院或其他公众场所，有可能会碰到穿着考究的伯爵或骑士。他们只要稍微留意，就会马上发现你是个外国人，然后就主动地与你交谈，表示只要自己能力许可，就会帮助你，让你在巴黎感受到地主之谊。他可能会说，他认识一些上流社会的女士，她们结交的朋友与巴黎喧嚣的环境相反，都是一些文雅正派的人，大家在一起非常惬意地共进晚餐。他会表示非常乐意把你介绍给这些女士，如果你乐意，他就会立刻带你去拜访。但实际上，你见到的不过是乔装的妓女，身上的首饰也都是些二手货，或者已经旧得褪色了。而她周围的三四个朋友，也都是骗子，虽然同样穿戴整齐，声称自己是侯爵、伯爵、骑士之类的。表面上，他们优雅地玩着纸牌，但心里想的却是怎么赢钱。你进门之后，所谓的女主人就会非常热情地接待你，可是这是每个法国女人都会的基本礼仪。她会告诉你，她比较喜欢安静的生活，已经不再去参加上流社会频繁的社交活动了。不过，既然伯爵先生把你这位风度翩翩的绅士带来见她，她非常高兴。接下来，她会想尽办法讨你开心。而她能提供的社交活动，当然是玩牌了。如果你接受这种低级消遣，那么，晚饭前，这帮人会存心输上十五六个里弗给你，然后就大力夸奖你的运气和牌技。然后晚餐开始了，确实非常丰盛，远远超过你平时的生活。女主人则会对你温情款款，甚至眉目传情，让你决不会留意时间流去。晚饭过后，就有人建议继续玩牌，那位女主人应该先是连连摇头，表示再也输不起了，但最终还是会在大家的劝说下同意。接下来，他们期待已久的时刻就来临了。他们开始合伙使诈。如果你运气好的话，口袋空空就结束了。如果你一直玩到很晚还不愿意离开的话，他们会把你的手表、鼻烟壶都骗出来。你甚至都可能有性命之虞。我肯定地告诉你，这绝非夸夸其谈故意吓你。在巴黎，这样的事情，每天都会在没有经验、人生地不熟的外地人身上上演。所以，你要记住，有些温文尔雅的绅士，在和你初次见面的时候态度冷淡，但是以后的来往中，却一直热诚地帮助你，这样的人才是值得成为朋友的。

即使是在一些很好的社交圈中，你也会碰到一些比较阴险的绅士。他们会怂恿你和他们一起玩牌，当然是为了赢你的钱。最好的办法，就是永远都不要和男人玩那些有赌博性质的游戏，而仅仅参加上流女性的牌局，或是男女都有参加的牌局。即便如此，你也不可沉溺其中。如果他们提议赌大钱，你就要拒绝了。但是不要表现得太严肃，说什么到时候谁输了钱都不舒服之类的傻话，你要用开玩笑、找借口的方式拒绝。比方说，你可以告诉他们，如果你肯定自己会一直输的话，就会陪他们玩，可是自己有机会赢，这样就非常不好意思了。自从见过哈里坤一下子输了一大笔钱而丢了魂的样子，你就决定再也不参加那种一天赢钱有可能超过两个路易的游戏了。你这样的年纪，用这样巧妙的方式拒绝那些诱人堕落的邀请是非常合适的，也是非常有效的，比直接地拒绝好多了。一个人如果没有主见，别人让他干什么他就干什么，确实是一个老好人，但是同时，也是一个傻瓜。

你要坚持自己的原则，保持清醒的理智，做事要仔细考虑对方的目的。但是你需要把这些想法都藏在心底，不要和人说教。如果有人邀请你喝酒，你就说，你很乐意一起去，但是自己的酒量很差，喝一点就醉，而且胃还会很不舒服，所以只能让他扫兴了。

请你和格里尼厄尔先生多多往来，一定要博取他的好感。他和查理王子还有巴黎的许多要人之间的关系都很密切。只要他美言几句，你在那里就能够声名远播，如果再有他的关照，那一定非常有助于你在学院的学习和生活。我在上一封信中跟你解释过为什么在最初的六个月中让你在学院寄宿。六个月之后，如果你的表现良好，能够经常和巴黎的优秀人士来往，并能得到他们的礼遇的话，我就会为你在高档酒店租个房间。

感谢上帝，你现在已经非常优秀了，所欠缺的仅仅是外在的气质和风度。你现在要经过的最后一道加工，便是塑造你完美的礼仪和举止，让你变得风度翩翩，这道工序非常重要，是你内在修养的最好包装。要实现这些，你就必须多和上流社会的杰出人士来往，而在这个世界上，巴黎是认识这样的人的最好场所。你不必为了途径和机会担心，我会不断给你寄去推荐信，把你推荐给那些外在表现卓越的人，也推荐给那些学识渊博的人。因此，我恳请你好好利用这整整一年的时间，万不可偷懒，或禁不住诱惑，或结交一些不好的朋友，白白把时间浪费掉，甚至误入歧途。过了这一年，我相信你就可以变得足够聪明了，不需要我的担心了，我就不会再干预你的生活了，你想做什么就可以做什么。

再见!

三十一、警惕虚荣

伦 敦

1750年5月17日

亲爱的朋友：

你的求学生涯马上就要结束了。你很快就要踏入社会，开创自己的事业。这对你来说是一个关键性的时刻，对我来说，也是同样。一个商人要想成功，必须讲诚信和礼貌。没有诚信，就没有人愿意光顾他的商店，不讲礼貌，也不会有回头客。这与公平交易并不矛盾。他可以在某个范围内尽可能卖个好价钱，也可以用自己的风趣、独特的品味和奇思妙想来吸引顾客，可是必须要保证商品的质量，这是一切的前提。只要有欺骗行为，哪怕只有一次，也会给他造成莫大的损失，令他最终破产。

在上流社会和更广阔的工作领域同样也是如此。如果没有正直诚实的品格，没有优雅的举止和行为，那么踏入社会之初，就会受到轻视，难以在众人之中发光发亮，只能如同一颗暗淡的流星一样在天空一闪而过。人们往往能够理解年轻人因为不够理性冲动犯下的错误，但是却无法容忍年轻人品格上的缺陷。品格不会随着年纪增长就自己变好，我觉得，可能会变得更加糟糕，更加顽固。年轻的骗子会变得更加老练，年轻的流氓会变得更加无耻。但是，就算年轻人的品格还有着许多欠缺，不够完善，但是，如果能够有一颗清醒的头脑，足够睿智的话（说实话，这种情形并不多），那么随着年龄的增长，他会渐渐认识到以前犯下的错误，并且产生强烈的负罪感。于是我向上帝虔诚地祈祷，希望他能让你拥有完善的品格。可是，这样并不够。你还必须拥有一些讨人喜欢的行为来表现你的品格，你的良好的声誉的建立就必须依赖这些行为。你的人品必须建立在牢固的基石上，不然就会很快崩溃，甚至有可能伤及你自己。所以，你塑造自己品格的最初，就必须严谨细心，不要被很多流氓、笨蛋的偏见迷惑，不能败坏自己的德行，给自己带来耻辱。虽然你现在还很年轻，但是同样需要严格要求自己，只有从年轻的时候就严谨自律，才能培养出良好的品德。这一切，与品德上的缺陷——如撒谎、欺骗、妒忌、怨恨、诽谤等——有着密切关系。你现在这样的年纪，如果与良好的品德背道而驰，比方说，对勇敢不以为意，时常暴饮暴食，做事散漫懒惰，这些只会令你堕入罪恶的深渊。因此，你必须洁身自好，努力避免这些恶习。对于别人身上的恶习，言辞也不必过于尖锐，恶习的改正需要一定的时间，更少不了理性的指导。如果一个人能够在各方面都保持纯洁，那么他的人品就不会受到污染。

不必多说，你最初的方向决定了你以后的路程。你必须时刻警惕虚荣，特别是纨绔子弟那种表面浮华的虚荣，这是没有历练的年轻人最常犯的错误。这种性格一旦养成，就很难再改变。很难想象虚荣会有多少种侵入你内心的方式。如果一个人在很多事情上都专断独行，只能表明他的无知和自以为是。希望能够在女士面前表现完美，是男人的另一种欲望。他往往会想入非非，以为自己从那些有身份的美丽贵妇身上得到了暗示，可以和她们发展出密切的关系。如果确有其事，这不是什么光彩的事情，如果只是错觉，则更加可耻，两种情况他都得不到自己想要的声誉。有些人用一些与他们没有半点关系的东西来满足自己的虚荣心，比如，和某些知名的人能够扯上关系。他们不断说他们的祖父有多了不起，叔叔有多出色，他们最亲密的某个朋友又是多么了不起，但实际上，这个朋友他也许从来都没有见过。他们却把一切说得确有其事。但是，这些东西会令他们有所提升吗？当然不行。反之，只能证明他们身上的优点是如此的有限。一个富有的人从来都不会有求于人。所以，你必须时刻注意，你永远不能感染这种性格。你如果想获得奖励，谦虚是最好的诱饵。表面的勇气会令一个真正勇敢的人被人误解为胆小鬼，表面的明智会令一个有才能的人被人误认为是纨绔子弟。我说的谦虚，并非是胆怯或懦弱，而是发自内心的坚定，知道自己的价值，适度地表现自我，但是留意不要让任何人发现你的骄傲。不论你拥有什么优点，人们都会慢慢发觉，他们会自己来夸大或是缩小自己的发现。

看在上帝的分上，在你独自前往巴黎之前，一定要仔细想清楚每一件事情。和别人交往的时候，要注意观察他们的内心，结合我给过你的意见，然后从容自若地去应对种种不同的人。对今后的发展，你应该早做打算，并且仔细地学习，不断扩充、改善自己的计划。当然还要听取那些永远都不会去误导你的人的意见。我是指哈特先生和我自己。

三十二、征服人心的绝技

伦 敦

1750年5月24日

亲爱的朋友：

我昨天收到了你7日从那不勒斯寄来的信，从信里得知你已经非常用心地游览过了那里的很多名胜古迹。你做这些很值得，那些东西都值得参观，值得很认真用心地去参观，对你来说，要比大多数人更加深入，更加仔细。在看了新东西后，被人问起有什么感受，如果一个人回答说："我看了，但是我当时没有在意。"这是站不住脚的说法。如果真的不在意，为什么还要去看呢？或者说，他看的时候为什么要不在意？

你现在在那不勒斯，就应该经常抽出一些时间，加入宫廷和上流的社交圈，多结识一些优秀的人。我听说，王子的宫廷对陌生人都敞开热情怀抱，王子为人随和，王子妃也平易近人，确切地讲，王子妃有些过于随便，如果这是真的，我估计很可能是真的，也许需要有人警告她一下。

哈特先生跟我说，你的穿着非常讲究，年轻人就应该这样，特别是在国外，那里的人们一般都讲究穿着。你的衣服不仅要质地好，还要剪裁得体，这样穿起来才舒服。如果一个人穿上一件好衣服就没有办法像平时一样轻松自在，那么可以说是没有什么好的教养。

谢谢你的画。我现在就迫不及待地想要看到它，我打算把它挂在布莱克希斯[1]那栋还在建的房子里，这样就可以经常欣赏它。我更迫不及待地想看到另外一幅画，那就是你的全身画像，我现在还没有收到。我相信，就算是按照你的实际身高绘制的，这幅画的长度肯定也会远远地小于你说的8英尺吧。我认为自己，还有你，都是匹克洛米尼家族的后裔，所以，听到巴瑟斯特先生说，你以后会长得比我高，我估计你至少得长到5英尺8英寸，这样我就会很高兴的，不过我更希望你长到5英尺10英寸。说实话，我怎么不可能日夜都盼着你一点一滴向完美靠拢呢？我用了靠拢这个词，因为绝对完美的境界是很难达到的，谁要想绝对完美，还真是痴人说梦。但是我仍然希望你能够比大多数的同龄人更接近完美。我觉得你有能力做到，这么说并不是哄你开心。哈特先生断言——依他的性格，这实际上应该是他的誓言了——他认为你的内在品质没有半点缺陷。另外，毋庸置疑，你对古今中外的知识都有了一定积累，你的同龄人当中绝对不可能有人像你一样掌握了那么丰富的知识，而且你还在一天天地进步，将来肯定会更上一层楼。那么，你离我所希望的那种近乎完美的境界还有什么差距呢？我觉得，你还需要继续积累知识、培养良好的教养和优雅的礼仪，也就是说，让你自己成为一个高雅的人，你现在这个年纪，在这些方面肯定不是那么成熟，因为这些并不是先天的，而是需要通过后天的努力才能得到的。一个人只要想得到这些，他就会和那些优秀的人士来往，观察他们的品格和礼仪，就会在不知不觉中学习到这一切。

近朱者赤，近墨者黑。一个人会被他人的风度、礼仪甚至思维模式影响，如果他能够用心观察的话，这种影响就会非常迅速，如果他没有那么用心的话，那就只能依靠长期接触的熏陶了。据我所知，这

① 伦敦郊区的村落。

个世界上，除了诗以外，其他所有的东西都能够通过练习、模仿学会。所以，只要你愿意努力并且注意观察，你就能够弥补现在的那些不足。我想先祝贺一下你现在已经取得的成绩，事实上，你的成绩让我非常欣慰。接下来，你要做的就是继续努力。每到一个地方，你都要和那些上流社会的优秀人士来往，我肯定你会去这么做的。到了巴黎以后，你也要这样。而且还要注意学习各种技能。骑马、击剑、跳舞，这些技能既可以强身健体，也可以帮你改善自己的仪态，你肯定不会忽略的吧。你要加入那里的上流社交圈，就要处处用心，学习那些优秀人士的风度、言谈和礼仪，你要将众人的长处集于己身。有些话，我要对你说，但你千万不要因此而骄傲。做到了前面那些，你就可以拥有一个男士应当具备的自信、坚定和沉稳的气魄，没有这些气魄，一个人就会显得没有教养，只是庸人一个。他们会帮你将胆怯、拘谨、自卑和犹豫完全抛到身后。拉布吕耶尔曾经说过，人生在世应当有所作为，这话千真万确。你不应该产生任何自负的心理，而要继续努力。另外，你将来的成就还与你现在交往的对象有很大关系，因此，我已经为你的巴黎之行作了充分的准备，我打算让你去拜访结交那里各类优秀人士，你一到巴黎就可以看到我寄给你的一大堆推荐信，有的把你推荐给博学多才的人，有的推荐给见识广博的人，有的是推荐给贵妇名媛。在这些信里，我请他们能够帮助你，教育你，指出你的缺点和需要改进的地方，让你日渐完美。只要你经常去拜访他们，就一定能够学到你所需要的东西。

请你告诉我，你已经读了哪些意大利文的书籍，你现在是否已经熟练掌握这门语言了？你要通读阿里奥斯托①和塔索②的作品，然后你需要读一些我认为值得阅读的诗人的作品。不管怎样，到了

① 阿里奥斯托（Ariosto，1474—1533），意大利诗人，代表作《疯狂的奥兰多》。

② 塔索（Tasso，1544—1595），意大利诗人，文艺复兴运动晚期的代表。

巴黎，你一定要找一个意大利语老师，和你每周练习三次意大利语，这样你不仅能够温故，而且可以知新。能够用各国语言与各国人士流利交谈，是一种享受，也是一种巨大的优势。

你做每件事情，都要抱着尽善尽美的态度和目标，虽然多数情况下，我们没有办法做到完美，但是那些不断朝着这个目标努力的人，总是比那些认为不可能实现这个目标半途放弃的人更加接近完美。我们经常用一往无前这样的词语来形容那些为了达到心中的伟大目标不怕困难、坚持进取的人。年轻人身上就应该有这种劲头。这样当然远胜于那些缩手缩脚的人。有句话不论男女都适用：

生来就要被束缚

唯有勇敢向前，才是正途

一个刚进入社会的人，如果胆小怯懦、忐忑不安，肯定会错失许多机会，因为人们不会重视这样的人，也不会把机会交给他们。一个人，特别是年轻人，如果想要成就一番事业，就必须内心充满自信、坚定和勇敢，而外表谦恭、彬彬有礼。他一定要不卑不亢地捍卫自己的权利和机会，表面上看起来虚怀若谷，坦然大方，但是内心中缜密细致，决不马虎。你只要和那些好的榜样多多交往，向他们学习，你就也能够做到这些。我所说的好榜样，是指那些在当地受人欢迎的人。等你在这些方面都取得一定成绩后，我们就需要见上一面，谈谈那些我没有办法用文字写下来的人生经验。

请转告哈特先生，我已经收到了他2日和8日的信，等收到第三封，我就会回信。

再见！我亲爱的孩子！希望你的未来如我所料！

三十三、远离放荡的生活

伦　敦

1750年11月8日

亲爱的朋友：

在你前往巴黎开始独立生活之前，我们需要对彼此完全了解，来避免以后发生争端。钱财，是世界上很多不幸的起源，也是大部分父子之间发生争吵的原因。父亲总是认为他们给的已经不算少了，而儿子却总觉得还不够用。其实双方的想法都是错的。你必须公正地认识到，到现在，对于你的任何必要的有意义的花费，我都没有克扣或者不曾给你过。可以顺便告诉你，你这次旅行的花费大大超过了我当年的花费。哈特先生负责管理你日常开销的时候，我并没有担心过，因为他会精打细算，钱总是花在了应该花的地方。但是，你很快就要离开哈特先生，独自管理你自己的财务了。我可以保证，对于你所需要的生活费用，我非常乐意提供，我们之间绝对不会因此而发生争端，双方都会很满意的。但是生活费的支付必须有个具体的限度。我正在核算这笔费用的多少，很快就会告诉你。我会给你一笔固定的津贴，也有可能完全不给你。尽管我自己很明白应该给你多少钱，可是我还是想先看看你的要求，这样我就能够对你掌控财务的能力有个大致的了解。

总而言之，你必须明白，如果你的钱都是花在值得的地方，我就会一直给你提供生活费，但是如果你的钱都是稀里糊涂花掉的，或者都是花在一些下三烂的事情上（你如果这么花钱，我不用一个星期就会知道），那么，我将暂停你的生活费。

哈特先生会给你安排你在巴黎的住所，帮你指出正确的消费渠道，他会帮你准备一个时尚人士所需要的一切，而我会一如既往地支持你。在巴黎，你会有一辆四轮马车、一个仆人、一个跟班和一处体面的住所，这比我当年多一个仆人。我会让你打扮得光鲜，就和那里的时尚人士一般，不会比别人差，也不会比别人好。你要像绅士一样穿着得体，而不是穿得很招摇。你必须时刻保持体面，而我也乐意支付这项开销。相比英国，巴黎在其他方面的花费都比较少。那种在餐会酒会上强迫性募款的恶劣风俗还没有传到巴黎。考虑过我乐意为你支付的一个绅士在巴黎的必要开销外，来谈一下我无法接受也不愿支付的费用。

首先是赌博。尽管我不认为你会染上这种坏习惯，但是你还是要明白，你的任何赌债，我都不会偿还。也许你会急切地以自己的名誉向我保证不会出现这样的事情，但是一旦出现，你就很难再得到我的信任。

其次，庸俗的人的低级乐趣远比高雅的人的高雅乐趣花费要多。与庸俗的人待在一起，你通常得为酒后闹事赔偿不少钱给酒馆老板，但是和高雅的人在一起，就算偶尔放纵一下，花的钱也不会多过前面说的赔款。因此，我绝对不想听到你在酒馆打架的消息。

现在我们来说一下另一个重要问题，就是你在巴黎与女性的交往。我并不想站在宗教、道德甚至是父亲的立场和你说这件事情，抛开自己的年龄，我以一个懂得享乐的人来和你谈这个问题。记住，我绝对不会为你支付嫖妓的费用，而且不管怎么样，我都不能接受你把钱花在了歌女、舞女或女演员身上。我必须告诉你，如果真有这样的事情，那么不只是我，任何头脑清楚、有理智的人都会很看不起你。年轻人，应该尽量不要拿自己的身体和钱财冒险。在巴黎，时尚女子都把风流韵事当作自己的事业。说实话，我绝对不能容忍你做出这样的事情，而且你的身体也不允许你这么放纵自己。尽管生病可以治好，但是绝对会影响你的肺。我肯定，这些忠告会对你有帮助。我要向你声明，如果一旦发生了上述情况，我将停你一年的生活费。

最后，我无法容忍的愚蠢开销还有一项，就是把钱花在小商店的那些小玩意上，你可以有一柄锋利的佩剑，如果你吸鼻烟的话，可以买一个漂亮的鼻烟盒，但是绝对不要买一些表面漂亮但是却没有半点用处的东西。

说了这么多，我想你应该很容易就能够明白，我允许你能够把钱花在需要的地方，绅士所需要的服饰，和高雅的休闲，都是值得的。我决不会让你把钱用在找乐子上。你必须明白，这不是老人的苛刻和吝啬。我把这当作我们之间的约定，是我对你的一个附加条件。我向你承诺，我会按时把生活费寄给你，就好像英国在上次战役中的表现那般准时。而同时，我也要提醒你，你必须谨慎地执行这个约定，比上次战役中的同盟国更加谨慎，否则，我就会断绝你的生活费。真希望我说的这番话是多余的，因为我们之间的感情远比金钱更重要，更珍贵。但是，我想要和你把话一次性说清楚，好让你有个心理准备，以防最糟糕的事情发生时，你会抱怨我没有表达清楚我的意思，会认为自己不知者无罪。

说到找乐子，我有必要再补充几句。很多年轻人总是误以为找乐子就是享受生活，实际上这两者有天壤之别。那种乐子都是低劣的、不光彩的、可耻的，这些都会玷污品性、蚕食钱财。对一个人的品性来说，花天酒地是最大的杀手。一个淫乱无耻的跟班或仆人，会把最优秀的人也拉下水。说实话，我年轻的时候最明智的事情就是从来都没有花天酒地过，对于这样的人，我非常厌恶鄙视。

一个喜欢享乐的人，有时候也会玩物丧志，但是有一天他会希望自己过去的娱乐是品位优雅而庄重的。很少有人能够懂得享乐的真正意味，所以，每个人都可能成为花花公子。记住，你在巴黎的一切，我都会了如指掌，我会像一个精灵一样对你如影随形。塞涅卡[①]曾经说过："人们不应该质疑上帝，所有的事情，不论别人是否知道，上帝都会知道。"我希望你在巴黎除了遵守我们的约定以外，不要做其他的事情，你的举动，我都会知道的。我希望，确切地说，我相信，你能让我满意。

你很聪明，你也从来都不缺少忠告，再加上你日渐累积的经验，会让你越来越优雅，越来越能干，越来越接近完美。到时候，你就再不需要我的忠告，但是你会始终有我对你的关爱，不用害怕失去它们。

再见吧！

附言：你到巴黎后，见过阿尔比玛尔伯爵后，我希望你去见一下约克先生，你一定要对他以礼相待，原因我以后会向你解释。告诉他我的要求，还有你自己的爱好，以及你希望能够和他成为朋友得到他的帮助的心愿。

① 塞涅卡（Seneca，约前4—65），罗马哲学家、悲剧作家、政治家。

三十四、事无巨细，以礼待人

伦　敦

1751年1月8日

亲爱的朋友：

从你5日的信中看，你在巴黎社交圈的首次登场就非常吸引人注意。你进入了一个优秀的群体，我敢说，这样的群体绝对不会引你堕落。你应该多去那些邀请过你的家庭拜访，不要像很多英国同乡那样胆小拘谨，错失掉许多可以同当地人亲密接触的机会。不管什么时候，只要邀请你共同进餐的人是优雅体面的正派人士，你都应该欣然接受，以便能够借机学习他们身上的优点。阿尔比玛尔伯爵肯定会热情接待你。但是他的家基本上是用来吃饭的，据我所知，他没有什么交往密切的法国客人。我很怀疑他是否会邀请你去他管辖的部门帮忙，但是如果他提出了邀请，你必须练习你的书法，把字写得比平常人好看一些，否则，你写出来的东西是不会引起重视的。现在，你的字写得并不好，不像是一位公务人员的字，也不像是一位绅士的字，倒是非常像一个做功课的小学生的字，总希望老师能够不去细看。

你给德·孟肯塞尔夫人留下了很好的印象。她在信中对你大加赞扬，玛蒂尼埃侯爵和杜·博卡日夫人对你的评价也很高。他们都觉得你是一个非常主动地去讨人欢心的人，因此，必定会受到大家的青睐。他们的这个观点没有错，任何一个想要去取悦他人并且懂得如何去讨人欢心的人，肯定都会得到别人的青睐，在人生道路中，这是非常重要的一点，对其他所有的事情都有好处。当你和德·孟肯塞尔夫人、杜·博卡日夫人或其他上流社会的女性交往的时候，你可以大方坦白地告诉她们："我的社交经验非常不足，纯粹是个菜鸟。虽然我非常希望能够取悦他人，但是却不知道应该怎样才能达成这一愿望。尊贵的夫人，请将其中的诀窍传授给我吧，让我能够讨人欢心，受人青睐。这决定了我将来是否能够成功。而对您的慷慨帮助，我将铭记在心，永世不忘。"你若如此诚恳地请求，她们肯定会帮你指出身上的缺点和不足。一方面，你要承认自己的这些不足，另一方面，要向她们表示你诚挚的谢意。尽管被别人指出了自己的短处，心里可能不大舒服，但是，你应该立刻告诉她们，你会将她们的批评当作友谊的最佳证明。下面这些话是杜·博卡日夫人特地告诉我、要我转达给你的："他每次来访，我都非常高兴。虽然和他这个年纪的人聊天不会有太多的乐趣，但是我会尽力帮助他，让他多结识一些年轻人……"对于这样的邀请，你要充分地利用，就像她的邻居一样，经常去她家拜访。杜·博卡日先生曾经告诉过我，他很想带你去剧院看戏，并且讲给你听所有值得你了解的事情。他是一个品味非常高雅的人，他的这份邀请，你也需要重视。现在，我还没有收到赫薇女士对你的评价。你说你已经和她共进过一次晚餐，我猜测，她肯定也愿意接受你。你可以向她咨询一切事宜，无论大小，也可以向她倾诉你遇到的困难，在出席某些重要场合的时候，你可以征求她的意见，让她告诉你言谈应该注意些什么。她是一个非常完美、非常优雅的人，你如果碰到这些方面的问题，她都可以提供很好的帮助。我敢说，不管你去拜访她的次数如何频繁，她都会热情款待你，而我建议你每周去拜访她一次，和她共进晚餐。

你说得没错，哈特先生离开你之后，你的身边缺少了一个可以随时给你提出忠告的人。但是，我的忠告始终都没有离开过，有些东西，我已经给你讲过许多遍，将来你可能还会听到很多次。如果有新的状况出现，我自然会给你提出新的建议。但是现在，我只想提醒你，你需要始终关注的两件事情：议会和外事。关于前者，由于现在你身处国外，所能做的只是努力保持自己的语音纯正，措辞得体，谈吐优雅。不管使用什么语言说话，都要大方得体，清晰明白。议会方面的具体知识，等你回到伦敦后，我会仔细给你讲解。关于外事方面，在国外，你所做的一切，都可能而且必须为其服务。你应当把阅读的重点放在历史方面，我说的并不是那些年代久远、模糊不清、没有确切记载的历史，更不是那些涉及化石、矿石、植物之类的自然历史，而是特别指这三个半世纪以来欧洲各国的政治、法律的演变，这方面的历史对你才有意义。另外，若你将来从事外交事务，还有一件事情非常重要，而且重要性不亚于贯通古今的博学知识，那就是仪表、礼仪、言谈这些社交技能。因此，现在你必须注意广交良朋。如果我说，现在，在所有的欧洲人当中，你的舞蹈老师是对你来说最为重要的人，那么你可能会觉得很荒谬，但是这却是不争的事实。把舞跳好，你的坐立行走就也能够变得优美，而这些，是你给人留下好印象的基础。

参加锻炼，阅读书籍，广交朋友，这些事情会让你的日程表满满的，但是，只要你懂得合理利用时间，你就可以把每一件事情都处理好。我相信你不会浪费时间，游手好闲。你这个年纪的人一般都精力旺盛，头脑灵活，意气风发。但是有才华的年轻人会将这些优势都用于追求合理的目标上，他们都会努力地去成为优秀的人，将来大展宏图；自满愚蠢的年轻人则会追求享乐，肆意挥霍青春和时间，将精力都浪费在旁门左道上。我相信，你绝对不是后一种人。到现在，你都保持着良好的意识和行为准则，这能保护你走向美好的明天。你在巴黎的这段日子，只要继续坚持，就可以如同我期望的那般，达到近乎完美的极致。

再见吧，我亲爱的孩子。请每周给我写一封信。写信的时候，不要把我当作一个父亲而不愿意敞开心扉，而要把我当作你最知心的朋友畅所欲言。

三十五、学习巴黎绅士的教养

伦　敦

1751年1月14日

亲爱的朋友：

哈特先生和我谈到过你许多的优点，其中有两点让我特别高兴。第一，就是你非常重视自己的品性是否高尚，并且时刻都保持着警觉。这一点是你能够立足并且出人头地的重要基础。对于一个男人来说，道德品质比女人的贞洁名声更加经受不起波折。大家还是会谅解一个在贞节方面出了一两次问题的女人的，只要她今后能够恪守妇道就能够重新获得好名声。但是，男人的道德品质，一旦染上污点，就永远都没有办法洗刷干净。我要说的第二点，是你掌握了许多正确的关于欧洲各国政府的知识，比如，对历史、条约还有欧洲各国的政体，你都有所了解。这些知识，许多英国人都没有投入过多的关注，但是这些知识却可以帮助你在英国成为不可或缺的栋梁之材，使你大展宏图。哈特先生还告诉我，因为你觉得自己对欧洲其他国家的了解比对英国还要多一些，所以现在，你想要读一些关于我国法律和宪法方面，还有有关殖民地和贸易的书籍。我会找些这方面的书籍寄给你，你可以通过这些书籍对这方面的知识有个大致的认识。但是现在，你应该没有足够的时间去深入研习，你要做的事情还有很多。等你回到伦敦以后，我们可以共同研究探讨我们国家的体制，一起阅读一些相关的书籍。这个时候，你需要继续学习国外的知识，去与那些国家的大臣和要人交往，了解每个宫廷是如何处理国务的，然后探究缘由，了解他们这样做的动机。另外，你在巴黎还需要学习物理、几何这些必要的知识和其他技能，另外抽出足够的时间去结交上流社会的优秀人士。进入上流社交圈，可以帮助你培养优雅的礼仪、举止和言行，让你风度十足，这些对你今后要从事的工作都大有裨益。将来如果你和各国的大臣往来谈判，要想取得他们的信任，掌握他们的秘密，就必须先取悦他们。

有机会我就会把博林布鲁克伯爵用“约翰·奥尔德卡斯尔”这个笔名出版的小书寄给你。这本书简述了英国的历史，还比较系统地描述了我们的宪法。另外，你从这本书中也能够领略到博林布鲁克伯爵其他书中那种极具说服力的文风和笔调。我会把乔赛亚·齐尔德先生的一本关于贸易的小书寄给你。乔赛亚·齐尔德先生在这本书中罗列了商业中的真正规则，他的结论也都有理有据，在我看来，这本书当得起“商业规则”这样的书名。

看到你对贸易和商业开始有兴趣了，我很高兴。这里我打算推荐给你一本法语书，这本书在巴黎很容易能够买到，在我看来，它是商业、贸易方面最杰出的作品——就是《萨瓦里商业词典》。这本书是三卷的对开本，从中你可以找到任何你想要找的关于贸易、商业、钱币、汇兑等方面的知识，条理非常清晰。书中涉及的不仅是法国的商贸知识，还涉及世界各国。当然，你明白的，我并不是要求你现在就去读这本书，我只是建议你应该买一套放在手边，需要的时候就可以去查阅上面的资料。

你已经积累了足够的实用性的和消遣性的知识，只要你再接再厉，学以致用，就可以学到更多的知识。这是一个打基础的过程，坚实的基础，加上优雅的社交礼仪和风度，可以帮助你去成就未来的事业和名声。我相信，你的心里热切期待的就是这些。现在你在巴黎期间，最重要的事情就是去成为一个名实相符的上流绅士，其他的所有事情都可以暂时抛诸脑后。你要有良好的教养，但是不能故步自封。你要平易近人，但是不能轻浮草率。你要沉稳庄重，但是不能刚愎自用。你要彬彬有礼，但是不能虚情假意。你要去取悦他人，但是不能去巴结逢迎。你要开朗坦率，但是不能喋喋不休。你要胸怀坦荡，但是不能任意妄为。你要保守秘密，但是不能故作神秘。你需要知道在什么样的场合说什么样的话、做什么样的事情才合适，才优雅。这些并不是人们想当然的那样容易学到的，而是需要观察、磨炼很长的时间才可以练就。如果说世界是一本书，那它就是一部长篇巨著，要想真正理解和吸收，需要费很多时间和精力去仔细研读。而现在，你不过读了其中几页而已，所以你还没有时间去读那些不太重要的内容。

据我所知，阿尔比玛尔伯爵给他一位伦敦的朋友的信中提到，他本来以为你到了巴黎之后会经常去拜访他，但是你却很少去。他有些担心，是否有人对你说了他的坏话，让你对他有所误解。但我猜测，他担心的其实是自己在什么地方冷落了你，所以你才不去拜访他。但是，我告诉那位向我透露这件事情的人说，你没有对伯爵产生不好的印象，恰恰相反，你在信中对我说伯爵是一位热情、有礼的人，他的款待令你受宠若惊。但是你正忙着学习实证哲学，所以不得不放弃一些出外就餐的机会，所以去他家拜访的次数才变少了。我猜测，你很少去他家拜访的真正原因是去他们家的法国人很少，所以你才会愿意去其他的地方，与更多优秀人士交往。如果我的猜测对了的话，那么我想说，你的做法非常明智。但是即便这样，你还是应该坦然地去拜访阿尔比玛尔伯爵，尽可能多地去同他共同进餐，不要让他感觉你在疏远他。要知道，在伦敦，他非常有身份和地位，如果他能在你回来之前帮你吹捧（原谅我用这么一个低级的词）一顿，那对你今后的事业有很大的好处。就如同人们非常容易接受别人对某件事情的观点一样，对某个人品格的评价，人们也往往乐于接受，而都不愿意花精力去亲自观察和了解。在每个地方，德高望重的人都是关键性人物，他们的观点和评价至关重要，也许他们本人从没有认真地研究过某件事情的本质或某个人的本性，但是人们还是愿意相信他们的说法。所以，你应该尽量去拜访阿尔比玛尔伯爵，但是千万不要让他得知是因为我告诉了你这件事情。

我听说，亨廷顿伯爵和斯托蒙特伯爵已经抵达巴黎，我想你应该已经见过他们了。虽然斯托蒙特伯爵在伦敦名声很大，但是，如果你想和他们深交的话，最好是和亨廷顿伯爵多接触一些，个中缘由你应该很容易就能明白。

哈特先生现在正在温莎，这周他会到康沃尔去取他的生活用品，大约一个月后，他会回到伦敦。那时候，你就可以和他继续照常通信了。离别期间，你们对彼此的关心对你们双方来说都是很好的开始。

现在，我收到了巴黎来的信，信中满是对你的称赞。继续“乘坐宝马香车前行”吧!

再见!

三十六、书呆子与人情练达之人

伦 敦

1751年5月27日[①]

亲爱的朋友：

我今天已经非常疲倦了，但是晚上还得强打着精神陪我的一个亲戚，一位很博学很理性的学者，我和他共进了晚餐，然后交谈了一个晚上。也许说来有点矛盾，但是却是千真万确的。他这个人对于社会一无所知，也不懂礼仪和说话的技巧，他说话喜欢引经据典，简直就是不会说话的范本，甚至比那还要糟上十倍。他依靠书本创造了自己的世界，他对书本上规定的一切确信无疑，对于与书本知识背离的，他都又惊讶又愤慨。他的理论听起来很好，但是却一点都不现实。为什么呢？因为他只会读书，从来都不懂得怎么与人交谈，他对书本知识非常熟悉，却对人一点都不了解；每当他想阐述某个观点的时候，总是因为不知道怎么表达而犯愁；他说话的时候犹犹豫豫，经常打结，不讲究措辞；他的行为举止也很不雅观。因此，尽管他品德高尚，学识渊博，我还是不愿意和他聊天，相比来说，我更愿意和那些无关紧要的八卦女士们聊上六个钟头。这位不谙世事的理论超人的荒谬观点，会令所有了解人情的人士厌烦。他的错

---

① 这封信英文版标注的日期为1753年5月27日。由于信中查斯特菲尔德勋爵提到儿子刚刚19岁，他的儿子出生于1732年，所以信的写作日期不应该是1753年。译者将年份改为1751年，月日未变，并不一定正确。

误永远都指不完，就算别人给他指出了错误，他也不领情。因为他觉得自己的思维很缜密，想的东西肯定正确。这类人身上还有一个必定会有的特点：行为不得体。他对习俗和礼仪都很无知，因此时时刻刻都在违反。尽管他无意冒犯，却常常伤到别人。他不懂得人性，也搞不明白特定的谈话对象的性格。对社会有所了解的人都知道，适合某个群体、某个时间或某个场合的东西，不一定适合另一个群体、另一个时间或另一个场合。总之，从观察和个人经历中去学习对人、对习俗和礼节的认识，远比从书本中学习强百倍，两种方式简直差了十万八千里。因此，要经常向身边的男男女女学习，不仅要学他们的外在表现，还要学他们的内涵修养。通过自身的观察和体验，形成对事物的认识，探究事情的真相，而不是去完全相信书本上讲的东西。因为一切事情都不会是理论上的样子。因此你不应该和几个普通人有了泛泛之交就满足了。你应该尽力去与上流社会的家族建立亲密的关系。比方说，你可以在凡尔赛住上两三天，巩固那些旧友情，结交一些新朋友，或者去圣克劳德居住。不论什么时候，只要有上流社会的朋友邀请你去乡村的别墅度假，你都要接受，这是你学习习俗和礼节的良机。

每个人都想令他们的主人开心，但是要讨人开心，只能顺着对方的意思。能够欣然遵从当地人特有的风俗习惯甚至说是怪癖，这是最能讨人喜欢的了，而且这对年轻人来说，也没有什么不妥。他可以为了好的动机，做一些在学校里被看作不当的行为，比方说，自己像普罗透斯[①]一样多变，热情和冷漠、奢华和朴素、沉稳和轻快、端庄和放松、博学和浅薄、工作和娱乐，在这些相互对立的情绪中转换自如。所有这一切只有通过对社会的认识，与不同人之间的交往、

① 普罗透斯，Proteus，希腊神话中的早期海神。传说他能预知未来，但是却只向能够抓住他的人预言。他善于变化成各种形态，能逃避人们的追捕。

研究每个人的性格然后取悦他人，才可以做到。在社会上崭露头角的愿望，会让人想去取悦他人，取悦他人的愿望，指明了崭露头角的途径。其实取悦他人的技巧就是不断进步、出人头地所需的技能。如果你没有这种技能，没有优雅的举止，那么你将一无所获，这话我想我讲过不下千遍了。

你现在只有19岁，很多英国人在19岁的时候，还在大学里面喝得烂醉如泥，而你却已经积累了许多知识，那么你再学会为人处世之道，肯定能够在宫廷或议会中担任比别人更重要的职位，因为你在起跑线上就领先了。别的年轻人21岁的时候才开始去接触社会，而到那时候你已经走遍整个欧洲。他们在旅行中就像一群初生的猪崽，只知道与同伴挤成一团，很少去结识其他的人。他们被局限在说英语的小圈子内，其他的一概不了解，除了英语，他们也不会说别的语言。等他们二十三四回国的时候，举止和行为优雅的程度不过像是捕鲸船上的荷兰船长。由于我对你的关心，还有你的自爱，19岁的你所欠缺的不过是对社会的认识、优雅的礼仪和言谈以及其他外在品质。懂得这些东西价值的人，便能轻易地学会这一切。21岁之前，也就是在你独立生活之前，你就能掌握这些本领。比起同龄人来说，你的优势明显，不可能被他们超越。你可能会被安排在某位年轻的王子身边办事，而这位王子今后极有可能成为年轻的国王。

取悦他人的技巧、迷人的言谈、灵活的举止、优雅的气质，这些远远比坚实的知识基础和朴素的美德重要。因此，你要加油，让自己更加机灵，也更加闪亮，争取在这场比赛中取得冠军，至少是早日到达终点。亲爱的孩子，朝着这个方向持续努力吧！不要疏忽任何细节，正是细节组成了绅士应具有的那耀眼的品格。

总之，观察受人喜欢、令人尊敬的时尚人士身上的闪光点，用心模仿他们出众的地方，然后集各家所长于己身。并非每个人都十全十美，但是每个人身上都有值得别人学习模仿的优点。选择模仿的对象的时候，不要用眼睛，而要用心。最优秀的偶像是受到普遍认可的偶像，尽管这很难做到。我们必须顺应世界发展的规律，而不应该让它顺着我们的想法。道德标准不是那么清晰的时候，随大溜儿会比自己出头更加明智。

再见吧!

三十七、忙碌，但不要匆忙

伦　敦

1751年8月28日

亲爱的朋友：

几天前，有人送来了一张90英镑的账单，要我替你付款。开始时，我拿不定主意，不想掏钱。这倒不是由于账单上的数目，而是因为以前你让我替你付账的时候都会提前给我写信说明，但是这次，我没有收到你的信件，而且我觉得上面的签名并不像是你的字迹。那个送来账单的人让我再仔细看一下，说在账单的底端肯定会看到你的签名。我又用放大镜看了一遍，才发现，我最初以为是某个人胡乱涂鸦的地方，写着的其实是你的名字，我从来都没有见过这么小、这么难看的字。

虽然我仍然怀疑，但是我还是付了账。可是，说实话，我宁愿自己是上了当，白损失了一笔钱，也不愿意相信这样的字是你写的。所有的绅士，所有的公务人员，都会坚持一种笔迹来签名，这样才会形成自己的特色，不容易被人模仿。他们签名的字体一般都比平常写的字大一些，这样比较容易辨认。而你的签名呢，写得比你平时的字更小，更不清楚。这种情况让我十分担心。因为字写得糟糕，你可能遇上各种各样的麻烦事。比方说，如果你给某位部长的办公室写信也用这样的字体的话，你的信很有可能会立刻被送到解码人员那里去。因为他们会认为，你不用一般的字体而用这样特别的字体写信，肯定是隐藏着秘密。如果你的信是写给一个古代文物学者（他知道你的博学多才）的，他肯定会以为上面的字是古代北欧、凯尔特或者斯拉夫的文字，根本不会想到那是现代英文。如果这是写给一位美丽女子的poulet[①]，她肯定会认为这是从poulailler[②]寄来的。顺便提一句，poulailler正是poulet的词源。据说法国国王亨利四世常常把他的情书藏在一笼小鸡之中送给他的情妇。于是poulet就又有了“情书”的意思。

我经常告诉你，一个人，有手有眼，只要愿意，就能够写出一手好字。你的希腊字和德语字都没有得到书法老师的指导，但是都写得非常好。可是你的英文字，虽然跟专门的书法老师学习过，但是却依然写得那么糟糕，和一个没有受过教育的人写的一样，公文书写中根本不能使用这样的字，甚至用于普通的书写也不合适。我并不期望你的字能够媲美书法大家，但是你要明白，为了办公，一个公务人员是必须把字写得又快又好的。因此，我建议你在巴黎找一个书法老师，用心学习一个月。说真的，一手好字对于办理公务的意义远远超乎你的想象。也许你会说，有时候，字写得潦草是因为太过匆忙，那么，我就很好奇，你为什么会这么匆匆忙忙的呢？一个聪明人，做事的节奏可能会比较快，但是却从来都不会慌乱，因为他知道，慌乱肯定会把事情搞砸。他处理事情的速度很快，但是快速并不会影响到办事的质量。没有能力的人处事才会慌乱，因为对他们来说，要面对的事情太繁重了。这些人跑东跑西，疲于奔命，但是却一无所成。他们总想快点把事情做完，然后就可以高枕无忧。但是事实恰恰与此相反，要把事情做好，一个明智的人需要投入必要的时间。而快速行事的过程中，他会始终保持冷静和镇定，把事

① 法语，有“情书”和“小鸡”两个含义。

② 法语，鸡笼。

情按部就班、有条不紊地处理好。这样的办事效率恰恰就是他们能力的体现。

我知道你的事情很多，时间被安排得满满的，但是，请你铭记，宁可认认真真地做完事情的一半，以后再做剩下的一半，也不要草率马虎地完成全部事情。你匆匆忙忙地写完了字，比你认真细致地写要省出几秒钟时间来，但是糟糕的字体非常失礼，而且会惹人嘲笑，你的字，连我都会觉得可笑，你可以试想一下那些对你没有什么感情的人，会怎么想你呢？曾经有一位教皇，我想可能是奇吉红衣主教，人们嘲笑他只知道关心琐碎的小事，大事上却一无所成。人们说他是“小事能人，大事无能”。为什么他会这样呢？就是因为他在需要处理大事的时候，依然只是盯着那些细节。你现在这个年纪，和你所处的社会地位，目前只有小事可以做。那么，你就应该养成习惯，把小事都处理好，等到将来，你需要处理大事的时候（我希望你能有那么一天），就能够手到擒来了。现在，你可以先从练字开始，养成好习惯。那么将来，你给国王或大臣写信的时候，心里只需要思考信的内容就够了，不用再考虑如何把字写得漂亮。跳舞、穿着、礼仪这些事情，也都是如此，你要养成良好的习惯，这些是处理大事的基础，让你无所顾虑。

我的心里面总是在考虑所有和你有关的事情，现在，我想到了一件事情，觉得应该和你说一下，免得你日后在这个问题上碰到麻烦。你在巴黎认识的朋友越来越多，没有办法再像开始时那样去拜会朋友了。最初，你刚到巴黎的时候，你会经常去拜访德·孟肯塞尔夫人、赫薇女士和杜·博卡日夫人。现在你还得去拜望许多其他熟人，不能够再像从前那样去拜访她们了，但是，一定不要让她们误会你因为认识了更多的上流人士就忽略了她们，甚至开始看不起她们。如果你真的使他们有这样的感觉，那么她们就会认定你是一个忘恩负义、做事草率的人，并且永远不会原谅你。所以，请你经常去拜访她们，当然，可能没有办法像过去那样在她们的宅第逗留很长的时间，你可以告诉她们，你要去处理很多事情，没有办法久留，但是如果时间允许的话，你更愿意留下多待一段时间。总之，你要尽可能地广结良朋，尽可能少地树立敌人。我所说的良朋，并不是指紧密无间的知己，知己太难得，一个人一生中拥有几个就足够了，我说的良朋，是指一般意义上的朋友，是指那些能够帮助你、善待你，不会伤害你、不会纵容你的朋友。另外，还得再次告诫你，一定要举止优雅，谈吐风趣。这样可以帮助你大展拳脚，快速成功，否则，你再好的才华，也没有机会展现，难以功成名就。孩子，你要努力地让法国人接受你，让自己成为广受欢迎的人。如果你能在法国做到，那么在英国，你同样可以成功，成为广受欢迎的人。德·玛蒂尼埃先生已经把你称作“一个地道的法国青年”了，如果巴黎有更多的人认可你，那么就是说你已经是一个备受关注的上流人士了。

再见，我亲爱的孩子！

三十八、自负自卑皆不可取

伦　敦

1754年3月8日

亲爱的朋友：

我从巴黎那里收到的关于你的消息，让我对你的满意日益增加。阿尔比玛尔伯爵给你写了一篇赞歌，这里已经很多人都看过了，可以说为你的将来开了一个好头。在任何地方，对任何人来讲，出风头都是很重要的。而在你回来之前，你就已经在这里声名远播，则更加了不起。可以说，你的旅程已经成功完成了一半了。我肯定，你必然不会让人们改变对你的态度，也深信，你也不会因为人们对你的赞誉而变得盲目自大。相反，你会知道自己还需要完善。我也知道，这不会令你受挫，只会令你不断地提升自己。这里，我特别从我最近收到的一位公正而有洞察力的朋友的信中摘录一个片断给你：

> 先生，我可以向你保证。斯坦霍普先生肯定会有所作为。他学识渊博，记忆力超群，而同时他却从不向人炫耀自己的这些优点。他渴望得到他人的欣赏，而且他肯定会得到的。他表达能力极佳，仪表堂堂，就是矮了一点儿。虽然他没有掌握必备的社交礼仪，但是他却从未有过不雅的言行举止。而马塞尔夫妇会教会他欠缺的那些礼仪，他很快就能学会。可以说，他

没有什么缺陷，因为像他这个年纪的人，在风度和礼仪上都会稍微有所欠缺。在今后，随着他和上流社会的优秀人士的接触，这些慢慢就能培养出来。他天资聪颖，而且已经身处优秀人士之中，相信他很快就能够创造出一番成就。

我深信这段引文是实事求是的评价。你和我都应该很高兴地发现，你已经取得了很大的成绩，而还欠缺的就只是那么一点点。如果可以的话，我希望你得到的越多，表现得就越要谦虚，而你的心里就要更自信，更坚定，你想要实现的目标，肯定能够实现，你要加倍努力，去尝试奋斗。实际上，你可以通过一种非常愉快的方式来弥补自己身上的不足。比如，参加社交活动，出席晚宴、舞会，游览名胜古迹，在这些过程中，你会遇到值得你学习的楷模，也能够接触当地的习俗和风土人情。你都可以将他们的优点集于己身，这些地方就是你的学校，那些优雅的绅士和夫人会给你最好的讲座。

杜·博卡日先生对你也赞誉有加。他对我说，博卡日夫人认为你是“一位良友，一位得力助手”。我想，你肯定非常愿意知道这些。你已经走在了提高自己的路上，并且在不断努力。请继续用这样的方式同每一个人交往，除非是品行低下的人。对于这样的人，我也无计可施。如果你不幸碰到了，我希望他没有对你产生不良影响。

我拜托信使波洛克先生（他曾是我的仆人）给你送去两个小包裹，里面是希腊语和英语的书籍。过几天，约克先生会给你再带两个。虽然费尽办法把书寄给了你，但是我总是担心你没有充足的时间去阅读所有的书。所以，你要把时间首先用在最重要的书籍上。对你来说，当然是现代史、地理、年代学以及政治知识方面的书籍。另外，关于欧洲当代几个重要国家的政体、基本准则、军事、国力、贸易、经济、要人、政党以及政治上的派系方面的书籍也十分重要。

很多公认的优秀学者，对于雅典和罗马时代的政府了如指掌，但是却丝毫不了解欧洲当代任何一个国家的政体，甚至包括他自己的祖国。你在阅读那些拉丁语与希腊语的作品时，只要保证你获得足够的古典知识就够了，这些东西，对于年轻人来说不过是一种装点门面的东西，而对老年人来说则是消遣。而真正有用的东西，特别是对你，是前面提过的那些现代的知识。只要掌握了那些，你就可以游刃有余地处理国内事务和外交事务，所以，你应该把你的精力放在这个方面。我很高兴地知道，你肯定会这么做的。虽然我认为过多的表扬会给你带来一些负面影响，它们总是能够影响意志力薄弱的人。但是我也不会因此就让你独处，不去接触他人。我认为你绝对不是一个外强中干的花花公子，你不会自鸣得意，也不会骄横跋扈。我肯定，一个人如果知道了自己的优点所在，会变得更加谦虚，更加坚定。那些喜欢炫耀的人实际上都是纨绔子弟，根本不知道自己的一切都蠢透了。一个有理智的人，会认识自我、展现自我、提升自我，但却不会迷失自我。他们虽然知道自己的内在价值，但多数情况下，宁肯稍微低估自己，也不会高估自己。拉布吕耶尔（他的书非常值得一读）曾经说过一句名言：“一个人，若想得到他人的尊敬，绝对不能过于招摇。”一个人，如果真的缺乏信心、缩手缩脚、怯懦不前的话，即便再有才华，也不可能得到别人的关注。他的胆小使他无力前行，而那些有信心的人会一往无前，将他远远抛在身后。

一个人的品性修养是成功的关键，往往决定了最后的成败。一个聪明而博学的人，会坚定自己的方向，朝着目标不断努力。而行事莽撞的人也会义无反顾地追求目标，甚至表现得更加坚定，更加勇敢，但不同的是，前者懂得谦虚谨慎，所做的一切都充满风度。而后者同样的环境中却只会骄横跋扈，最终失败。重复一下我的座右铭：“态度温和，意志坚定。”

如果你想了解上世纪后半期的重要人物、生活方式和风俗习惯，可以阅读一下拉布吕耶尔的作品。但是，如果你只想了解重要人物的话，你可以去阅读拉罗什福科[①]的作品，他的人物描写栩栩如生。

请把我信中附的东西转交给瓦斯科神父，而他会对你有很大的帮助，他会陪你去四处参观游览。私下说一句，他的学识远胜于他的天资。尺有所短，寸有所长，每个人都有自己的长处。孟德斯鸠先生无疑是对你最有帮助的人，他既聪明，又渊博，你应该多和他交往，向他学习。

就到这吧。但愿优雅与你同行。没有它们，你将无所作为。所以，如果它们没有伴你同行，一定要努力让它们出现，出现在你的所思、所讲与所为之中。

---

① 拉罗什福科（La Rochefoucauld，1613—1680），法国作家。流传最广的作品是《道德箴言录》。

三十九、演说的技巧

伦　敦

1751年3月18日

亲爱的朋友：

过去的信里面我对你提过，我向上议院递交了一项议案，建议将我国现行的儒略历改为格里历[①]。现在，我想和你讲讲这些事情背后一些特殊的细节，希望能对你有用，我担心你对这些还不是太了解。

众所周知，儒略历存在错误，现在已经比回归年慢了11天。教皇格利高里十三世改正了这个错误，他修订的新历法立刻就被欧洲各个天主教国家采用，接着，新教的国家也采用了这个历法，没有采用新历的只有俄罗斯、瑞典和英国。我觉得，在今天，英国依然使用有严重错误的儒略历并不可取，会给政治和商业上的通信造成诸多不便。因此我决定提议改用新历。为此，我咨询了最好的法律专家和天文学家，共同起草了一份议案。但是很快，我的麻烦也就来了。议案中不可避免地有许多法律词汇和天文学术语，我对这两个方面都所知有限，可以说是一个彻头彻尾的门外汉。但是，我必须让上议院的人觉得我是个行家，而且让实际上一无所知的他们觉

① 英国最终在1752年9月2日之后改用了格里历。因为儒略历与格里历的差别，因此英国的历史上没有1752年9月3日—13日，9月2日之后直接就是9月14日。改历之前，许多人因这11天的空白而表示抵触，有些人觉得他们没有办法过当年的生日，有些人认为自己多交了11天的房租，有些女士觉得自己平白无故地老了11天。

得自己也明白这些东西。对我来说，我跟他们讲天文学，就好像是用凯尔特语或斯拉夫语讲话一样，都是外行，但是他们会显出理解的样子。最终，我觉得，最好不要只是告诉他们枯燥的知识，还是要调动他们的兴趣。因此，我讲了历法的历史，从古埃及的历法一直讲到格里历，中间穿插了许多奇闻逸事。在讲的过程中，我非常注意自己措辞的得体、语调的抑扬顿挫、发音的清晰和手势的优雅。结果，我成功了，我当然肯定可以成功的。他们觉得我教给了他们很多知识，实际上，我只是令他们感到了兴趣。他们中很多人都觉得我的表述很清楚，可是我从来都不觉得自己能够把这问题说清楚。如今享誉整个欧洲的数学家和天文学家马克斯菲尔德伯爵，是这次议案的另一个起草人。我发言之后，他便介绍了很多的知识，把许多很复杂的问题都解释得明明白白，但是他在措辞、停顿、谈吐方面都比不上我，所有的议员都对我的发言给予好评，但是却没有认识到他的发言的优点。这当然不公平，但是事实就是这样。每一次大型会议都会有很多人参与，你要让每个人都心满意足，这时候，仅仅讲道理和学识是不够的，更重要的是去抓住他们的兴趣、心情和感官。你要懂得，他们只是用耳朵和眼睛参与会议的，所以，你满足他们的耳目之欲就够了。做到这点，你就得依靠雄辩的口才、铿锵的语调、优雅的姿态等演说技巧。

你如果觉得仅仅凭借朴实无华的知识和逻辑就能够进入下议院的话，你就大错特错了。人们判断演说者才能的依据不是演说的内容，而是演说的口才。每个人都能对事情本身有所认识，但是能绘声绘色地描述出来的却只有少数人。我很早就意识到了口才的重要性，并且在现实生活中注意应用。谈话再寻常，表达观点的时候，我都力求用最有表现力、最优雅的词语。日久天长，我的口才就成了一种习惯。如果没有把自己的意思很好地表达出来，我就会不由自主地觉得难受。虽然你现在还不相信口才的重要性，但是我还是要把这条真理灌输给你，希望你能把培养自己的口才当作目前的唯一课程。你的目标是发光、而不是增重。只有重量，没有光泽，只能是一块铅，而不是金子。与其同最可靠的男人谈论一些不雅的事情，不如去和无关紧要的女人优雅地闲扯；与其笨拙地拿出1000英镑送给女人，不如学会把她掉在地上的扇子优雅地捡起来。对于别人的好意，傻傻地接受，不如优雅地拒绝。优雅的言行举止至关重要，任何事情都离不开它。只有凭借优雅，你才可能取悦他人，并且步步高升。你的希腊语对于你从秘书晋升为使节或从使节晋升为大使不会有什么帮助，但是你的谈吐、举止、风度却会有很大意义。因此，现在对你来说，马塞尔先生比亚里士多德要重要得多。坦白说，相比你学会科学院、皇家学院两所学院加起来的所有知识，我更愿意你将博林布鲁克伯爵的写作风格和谈话技巧学到手。

既然提到了博林布鲁克伯爵，我就要啰唆几句。毫无疑问，他的风格远非他人能比。你身边有他的书，我希望你能够反复阅读，体会他写作的风格，然后摘录重要的片段，努力地模仿。无论对你将来在下议院、谈判桌上还是日常生活的交流，这些技巧都有很大的意义。有了这些技巧，你就可以取悦他人、说服他人、迷惑他人和利用他人。这方面，你还有很多的欠缺，若不弥补，会遭遇更大的失败。总之，你在巴黎的这一年，不要去搭理那些思想古板、过于沉闷的人，而要多去认识一些上流社会中出类拔萃的人，学习他们的魅力。

有些事情，别人通常都觉得琐碎，你也没有关注，那就是你的书法。你的字写得真的很糟糕，既不像公务人员的字，也不像是一个绅士的字，倒更像是一个逃课的小学生的字。如果你觉得凭借个人的力量没有办法把字写好的话，你就拜托诺莱神父尽快帮你寻找一位好的书法老师，让他教你把字写得优美、清晰、大方而快速。当然，我并不要求你能写出书法大师的水平，但是你至少应该要写得和外务部的高级职员差不多。坦白说，如果我是阿尔比玛尔伯爵，我就不会让一个字写得像你一样糟糕的年轻人留在自己的办公室。写字的时候，手掌到手臂都要灵活，你的手臂能够做到吗？对于一个男人的风度来说，手臂的动作至关重要，特别是跳舞的时候，它们比双脚的作用还大。如果一个男人腰部以上的动作都能够得体，帽子能戴得优雅，头部动作恰到好处，那么他就肯定能把舞跳得不错。有女人夸赞你的衣着打扮吗？对年轻男子来说，这同样重要。你有特别感兴趣的人吗？我并不需要知道这个人是谁，但是有一点我可以断定，如果有这样的人，你就有了学习和实践取悦他人的艺术的动力了。

大约两三个星期后，查尔斯·霍瑟姆先生会抵达巴黎，不过只是路过，他真正的目的地是图卢兹，他要在那里待上一两年。请你在巴黎礼貌地接待他，不过你只需要把他引荐给阿尔比玛尔伯爵就够了，因为他顶多在巴黎停留一个星期，我们不希望让他接触到纵情享乐的生活。你可以带他去戏院看戏，或者去歌剧院听歌剧。

再见，我亲爱的孩子！

四十、为人处世的艺术与科学

伦　敦

1751年3月25日

亲爱的朋友：

你现在所处的人生阶段，是一个多么快乐的阶段啊！现在，快乐就是你的事业。年幼的时候，那些枯燥的规矩和没有关联的词汇，是没有办法给你带来快乐的。等你年龄再长一些，你就得在公务上花费绝大部分的时间和精力，同时还得承受种种因此而生的焦虑、烦恼与失望。那个时候，追求生活的快乐确实有助于你的事业，而事业上的成功也会增加快乐。但是就算这样，你的时间至少得被占据很多。现在这个阶段则不同，所有的时间都是你自己的，用来去追求高雅的快乐是最好的利用方式了。

你现在所需要的一本书就是社会，它几乎是唯一值得你阅读的书。你只有在和朋友交往的过程中、在公共场合、在餐桌上、在街道上才能够读懂这本书。你必须保持快乐的心情，以便能从那些优秀的人身上学到优雅的礼仪和风度。

在思考的时候，或者处理正式公务的时候，人们通常都会隐藏自己，至少是试图去隐藏自己。这个时候，如果你可以让他们感到快乐的话，他们就会不由自主地向你敞开心扉，流露出真实的自我。有能力的谈判者能够抓住这样不可多得的良机。这样的能力让人受益无穷，特别是对你将来从事的工作来说。谈判桌上，能够表现得不卑不亢、与对方谈笑风生，这是一位外交使臣应该具备的能力。当话题不妥或是过于严肃时，你应该随机应变，适时地改变话题。只有通过和上流人士往来，才能够学会这一切，当然，这些本领看起来可能不起眼，但是一个有才华、有见地的人不会因为它的不起眼就疏忽它。而且，取悦他人的艺术，绝对不是不起眼的艺术。

对一个外交官员来说，优雅的言谈、彬彬有礼的态度，非常重要。在大多数宫廷里，女士们往往都有直接或间接的影响力。斯特拉福德伯爵之所以能在相当长的一段时期内在柏林的宫廷内呼风唤雨，并牟取大量的财富，只是因为他和普鲁士第一任国王的情妇华滕伯格夫人的关系密切。我还能说出很多这样的例子。经常与那些处于上流社会中的顶层的女性交往，在优雅的闲谈中，便能够得到许多重要的信息。

抛开其他的书籍吧，你现在要读的是社会这部最伟大、最重要的书。它涉及的层面广博，你需要投入大量的时间和精力才能参透。与其他书籍不同的是，要阅读这本书，你就必须走出家门，甚至要走出国门。当你在国外阅读它的时候，你就会发现，知识不只存在于书店的架子上，更存在于各国的宫廷、酒店、娱乐场所、舞会、集会、剧院等地方。去那些你已经获得引荐的法国名门贵族家拜访的时候，你应该表现得从容不迫、温和有礼，努力和他们结为朋友，让他们愿意邀请你常来常往。你也应该经常出入法国宫廷，在那里结交优秀的人士，仔细地观察他们，看他们是如何礼貌地化解彼此之间的分歧，看他们如何不卑不亢地对待心里讨厌的人，看他们如何在公务缠身的情况下表现得游刃有余，看他们又是如何利用消遣来达成一些公务。在宫廷当中，你能够学到八面玲珑的处世哲学，因为如果不能，你就没有办法在宫廷立足。

真的很高兴地听说阿尔比玛尔伯爵已经把你介绍给了德·比希

先生。你一定要抓住这个机会，让他们把你引荐进入巴黎和凡尔赛最好的社交圈。在其中某个团体，你肯定会遇到德·拉·瓦利奥瑞斯夫人和盖里特女士。对你培养这些才能，她们会有很大帮助。

你将来的工作很特别，需要取悦他人，让他人觉得快乐，才能获得成功。因此，充分的社会知识、彬彬有礼的态度、优雅动人的言谈，便是必不可少的东西。精通法律的律师、熟悉神学的牧师、善于计算的金融家，就算不懂得人情世故，也没有翩翩风采，但是依然可以在各自的工作领域内出类拔萃，成就一番事业。而你要从事的工作，强迫你去熟悉宫廷中的种种事端，你必须面对其中的阴险与狡诈，也必须面对表面上的快乐与和谐。这种局面，错综复杂得如同迷宫，身处其中，机智圆滑、洞悉世情、优雅得体是生存下去的关键。你不仅要懂得如何去安抚蒙骗守卫金羊毛的怪兽，也要懂得如何与持有金羊毛的仙女周旋，以取得她的信任，最终把金羊毛搞到手。[①]这些艺术和手段恰好正是一个外交官员需要具备的。

应该引以为耻的是，我们英国的外交官员们做得并不好，远远落后于欧洲其他国家的官员。不管是在欧洲其他哪个国家的宫廷，法国的外交大臣的表现都比英国的好。法国人比我们更懂得变通，他们比我们熟悉迂回路线。一个英国的外交大臣在国外宫廷任职七年，可能都交不到一个朋友，不会成为任何一家的座上客。他永远都只是一个英国的官员，而不能入乡随俗。他接受国内的指令，去见必要的人，然后给国家写一份报告，一切就都万事大吉了。而一位法国的使臣，哪怕只被派驻到别国半年的时间，他都能够用尽各种办法讨得君主、王妃、君主的情妇、身边的红人、朝臣等所有人的欢心。他经常去拜访当地的名门贵族，和他们交往密切，让他们

① 这里借用了希腊神话中伊阿宋智取金羊毛的故事。

放松对自己的警戒。他入乡随俗，成为当地人的座上客或亲密朋友。这样，他便逐渐了解了宫廷的内幕，并能根据对那里王公大臣的了解，准确地推测将来可能发生的变故。奥萨特红衣主教被派驻到罗马不久，当地人就把他当作了意大利人，而不是法国的红衣主教。阿瓦克斯先生不管走到哪里，当地的人们都会把他当成本地的一员，从来都不认为他是一个外交官。

仅仅凭借学识和见地，一个人是没有办法在宫廷中待长久的。他还需要借助为人处世的技巧和取悦他人的方法。他要尽可能地取悦对方，以坦然的态度，赢取对方的信任，在对方不知不觉中，获取自己想要的东西。总之，最关键的就是取悦他们的心灵，迷惑他们的理智。

威尔士王储生前之所以受人爱戴和尊敬，并不是由于沉稳刚毅的性格和处世，而是因为他亲切随和的态度和善良淳朴的个性。他的去世，让人们非常关注，也让人们进而担心国家将来的命运。现任国王与下一位继任者乔治王子之间年龄差得太多。对任何一个国家来说，这都是不希望出现的局面。人们普遍希望国王能够活到儿孙长大成人的时候。不过现在国王的身体已经康复了，这样的希望也不是没有可能实现的。乔治王子和威尔士亲王很像，同样是亲切随和、善良淳朴的人，将来肯定能担当重任。

另外，威尔士王储的早逝，一时间成为人们议论的焦点，很多人因此开始研究起历史和政治来了。纵观我们国家的历史，自从征服者威廉以来，亨利三世、爱德华三世、理查二世、亨利六世、爱德华五世和爱德华六世当政的时期，都是多事之秋。你可以很容易想象出那时候的局面，街头巷尾，人们都在传播着种种推测猜想和预言，最普通的看门人都成了老练的政治家。斯威夫特先生[①]曾经很幽默地说过："虽然从来没有学过，但每个人都觉得自己懂得宗教和政治。而有的人却还头脑清醒，能因为自己从来没有学过而认为自己一点都不懂。"

再见！

① 乔纳森·斯威夫特（Jonathan Swift，1667—1745），18世纪英国著名的讽刺作家和政治家，最广为传播的作品是《格列佛游记》。

四十一、温和谦恭的魔力

伦 敦

1751年5月6日

亲爱的朋友：

最优秀的作家，也都是自己作品最严厉的批评者。他们会不断地推敲、修改、润色自己的作品。我把你也当作我的作品，而且我也不觉得自己是个糟糕的作家，因此，我可以说自己是一个严厉的批评者了。为了让我的作品能够最终达到完美的境界，我会仔细研究每一处不合适或者不雅的地方，以便能够及时地改正这些缺点，而不是让它们被别人发现。我知道，自从你到了巴黎之后，你的风度、谈吐和礼仪等方面都有了很大的进步。但是，我觉得你离我希望你达到的完美境界还有一定的差距，你仍然需要进一步地提升自我。在你还没有达到那个境界之前，我就要继续对你的批评。

在我收到的上一批信件中，有一封是你在巴黎的朋友写给我的。她在信中这样写道："我很荣幸地告诉您，在同龄人当中，斯坦霍普先生是非常优秀的。我这么讲绝对没有奉承的意味。他一直都在同那些优秀人士来往，本来我们还觉得他的言谈举止中有一些生硬的地方，现在都没有了。我们可以肯定，他是一个坦率诚恳、谦恭有礼、大方得体的人。他很用心地学习取悦他人的艺术，做得也很成功。前些天，德·比希夫人和我聊起他，语气中充满了赞扬和善意。我相信，对他的各个方面，你都会非常满意的。"看了这段话后，我知道你的表现已经非常出色了，这让我十分高兴。我现在只希望你能够更上一层楼。人们通常会觉得风度、谈吐、礼仪这些都是琐碎的事情，没有什么意义，但是你千万不要这么认为。相反，你应该清楚地意识到他们的重要性，并在实践中加以运用。与人交往的时候，你的表情应该保持优雅。当和别人讨论问题的时候，如果你有不同的意见，为了在尊重他人的前提下表达出自己的观点，你可以这么说："请恕我冒昧地讲，我的想法是……是不是这样呢？不过我也不太肯定。"这样的说话谦虚有礼，既能缓和意见不一致带来的冲突，也不会削弱你观点的正确性。而恰好相反，你的说法能够让人觉得舒服，反而让人乐意接受，无形中增强了你观点的说服力。所以，当你听到别人的错误观点时，千万不要鲁莽地反驳，而应该用比较缓和的态度有礼貌地指出来不同的意见，以使他认识到自己的错误，今后不会再出现同样的问题。只有这样，你才能够显得胸怀坦荡，不会因为冒犯了别人而觉得愧疚。

我经常对你说，更多的时候，左右人的是表面现象，而不是真实的情况。所以一个人与其用严厉而坚决的态度表达自己的观点，还不如把自己的信心稍微收敛，用亲切而温和的态度表达出不同的意见。大多数人都没有足够的洞悉力、观察力甚至是足够的兴趣去挖掘表象下面的东西。他们的观点往往就是根据表象得出来的，不会去继续探究真相。就好像这世界上最有礼貌的、最有教养的人一样，他们只会赞叹那种外在的翩翩风度，也许他们很可能与这样的人只见过一次面而已。

优雅的风度、悦人的声调、温和的表情，得到这些外在的东西并不是那么难，但它们却能够给人很大帮助。对于一个具备这样素养的人，旁人往往不会深究他的内在品质，而是直观地认为他是一个温和、有礼貌、善良的人。尽管也许实际上他的真实品行正好相反。这样一个人如果同时还有一定的学识和才华，将是特别的幸运，他就可以很早就在社会上显露头角，而与他同龄的人仍旧是茫茫人海中的平庸之辈。平庸的年轻人有很多，等他们懂的事情多一些，开始明白这个道理的时候，却已经晚了。他们会因为自己庸庸碌碌地度过了那么长的时间而懊悔不堪，甚至恼羞成怒，最后甚至变成了一个恶棍。因此，你千万不要仅仅迷惑于表面的现象，但是同时，你却要依靠自己的外在表现来让他人为你着迷，因为十之八九的人还是非常看重这些表象，甚至相信这种表象。一个人只要不是出于恶意，那么适当地利用人们这种心理是没有什么问题的，也没有什么可以指摘的地方。就我个人来说，我不想去欺骗别人或者伤害别人，那么我依靠自己的外在表现来赢取别人对我的温和态度，应该是无可厚非的。我知道你天性淳朴，学识渊博，而且颇有见地，那么接下来你还要做些什么呢？你所要做的唯一事情就是利用风度翩翩的举止、亲切温和的态度和温文尔雅的礼仪去包装自己的这些内在素养，你要先赢得别人的欢迎，才可能有机会展示自己的内在素质，最终得到别人的认可。我的意思并不是要你去成为一个只会去巴结讨好别人、人云亦云的傻瓜，相反，我希望你能够坚持自己的立场和观点，用于反驳别人的错误观点，只是在做这些事情的时候，你要注意保持自己的姿态、风度、措辞和语调的得体与温和。同时，要表现得自然，不要做作。当你和别人发生冲突的时候，你也要使用一些能够缓和气氛的话，比如，“我可能错了，因为我也不太肯定。但是我还是想说一下自己的意见……”

你和任何人因为任何事情发生争执或辩论的时候，请尽量用愉快的心情和言语来缓和气氛，以表示你既没有觉得受到伤害，也没想伤害对方的意思。如果你让这场争论或者争辩持续很长时间的话，通常都会对彼此的关系产生不利影响。你要认真地观察那些优雅的法国人是如何处理这样的事情的，他们喜欢聊天，即便是聊一些非常琐碎的事情，他们也能够充分照顾谈话双方的感受，始终保持着表面上的和谐。你要努力向他们学习，直到你也养成这样的习惯。

这一点是你目前唯一的欠缺了。我这么说并不是在夸奖你，而是希望你能够做得更好。你要想弥补这方面的不足，就必须多和那些上流社会的女士们来往，从她们身上学习这些细节。到了这时，我想你肯定已经认识了一些这样的女士了，这也就是说，你已经进入了一所最好的学校了。另外，当你同赫薇女士、孟肯塞尔夫人或者其他把你当朋友的女士聊天的时候，你可以对她们说："有人说，我的言行举止有些生硬粗鲁，可我自己不想这样，我恳求您帮助我，看到我出现这样的情况的时候，请及时帮我纠正，哪怕是当众处罚我，我也愿意。请对我严格要求，千万不要放纵我。您这样目光敏锐的审查员，有权对犯错的人做出严厉的惩罚，而我也向您保证，我会全力改正错误的。"

昨天晚上，我同你的两个熟人——B男爵和S先生——共进晚餐。B男爵，我不想过多评价，我认为他与其想要出来游历增长见识培养礼仪，还不如回家待着反省一下。他的同伴S先生比他强多了，虽然也有些做作。他们对你的评价都很高，所以，我还是有些喜欢他们的。你和那位和蔼可亲的小伯劳特相处得怎么样啊？她愿意听你讲那些煽情的故事吗？她仰慕你吗？你和德·鲁尔塞夫人来往得怎么样？她是不是容易紧张，而你又正好能够给她安慰？听说她是一个温和大方、举止优雅又见解独特的女性，你要利用和她交往的机会，多多学习。一个像她那样的女性，自己总能取悦他人，也能够得到他人的厚爱。所以她堪称是教授取悦他人艺术的最佳教师了。马塞尔先生的课程也是你学习这门艺术的重要内容。取悦他人，这是其他社交礼仪的开路者。

穿着打扮同样不可忽略，我希望你没有疏忽了这些。好的穿着，可以帮你树立好的形象，对你的发展很有利。我这里说的穿着，指的是衣服质地要优良，做工要细致，穿起来要合身，符合潮流又不过于招摇。另外，你的头发也应该仔细梳理，你的全身都要保持干净整洁。我希望你要特别注意保护牙齿，如果你忽略了口腔卫生，不仅危害自己，也会对别人不好。

简而言之，我亲爱的孩子，不要忽略任何一件事情，点滴的细节成就完美。再见吧。我已经三个星期没有收到你的信了，实在是太久了。

四十二、旅行的意义

格林尼治

1751年6月20日

亲爱的朋友：

很少有人，特别是年轻的旅行者，能够真正地看懂他们看到的东西，听懂他们听到的东西。虽然我认为你并不是这样的人，但是时不时提醒你一下也没有什么害处：去看懂你看到的东西，去听懂你听到的东西。处世轻浮、最后空忙一场的人，至少占了人类总数的四分之三，他们只希望自己和大多数人一样，走马观花随便看看就够了。比方说，他们到了罗马，就去看一下圣彼得大教堂、拜见教皇、参观大弥撒；到了法国就去游览巴黎圣母院、凡尔赛宫、拜见国王，看一下法国喜剧。

一个有才华的人去看去听的方式与此不同，而且非常不同。他们会对自己看到的听到的每件事情都进行深入的了解，尤其是跟自己的事业或前途有关的事情，他就会更加全面深入地去研究。你今后的前途与政治有关，所以，在旅行途中，你必须要询问了解政治方面的知识，比如，欧洲重要国家的政体、法律、条例、关税、贸易、工业等内容。要获得这些知识，你最好同那些有见识的人交谈，这要比死读书要有用得多。关于这些方面，再好的书籍，记述也往往不全。比如，法国和英国都有一本叫作《国家现状》的书。编写这些书的人，都不是什么见多识广的人，里面的内容都是东拼西凑来的，所以有很多的缺点，即便如此，这书还是值得翻一翻，可以帮助你去了解应该了解的事情。因为一个人闭门思索，肯定不会想得那么周全。但是如果你在巴黎能够和一个非常熟悉议会的人聊上一个小时的天，那么你从中得到的关于议会现状的知识，肯定要比你阅读所有这方面的书籍都要全面而深刻。同样道理，《军事年鉴》这样的书也值得你稍微看一下。但是如果你想要对法国的军事条例了解得更详细一些的话，那么你还是应该和当地的军官谈上几次天。人们通常都对自己的职业有一种偏爱，喜欢和人谈论这方面的问题，所以，你向他们讨教他们职业相关的问题，他们肯定欣然作答。以后，你碰上那些陆军军官（在法国上流社交圈，他们的身影随处可见），不妨向他们询问一些军事上的问题，了解他们训练的方式、住宿的分配、军服的发放、军饷和津贴的情况。当你碰到海军军官的时候，你也可以问一下这些问题，而且越细致越好，因为这对你将来维护英国的利益有很大的帮助。对于一些重要信息，你最好认真记录。

三十年来，法国在商业和贸易领域的管理成绩斐然，发展迅速。他们不只在东印度群岛和西印度群岛开展广泛的商业活动，还从我国手中抢走了黎凡特地区的贸易权。现在，他们可以向所有的海外市场出口蔗糖，几乎挤垮了牙买加、巴巴多斯、背风群岛等我们这些殖民地的蔗糖出口生意。因此，你也要尽可能多地了解这些方面的事情。

为此，你还要打听一下他们的宗教事务。现在，法国的王室和教廷不和，你有大量的机会可以去打听这背后的细节。你要了解加利亚教派[①]的一些特权，他们主张限制罗马教廷的权力。听说你对神职等级方面的知识非常用心，我想我就没有必要提醒你这方面了。

① 法国天主教徒，主张限制教皇权力者。

你可能无法想象，一旦你掌握了这些实用的关于其他国家的知识，便可以在我们英国人当中脱颖而出了，说实话，英国人都不大了解这方面的事情。你不仅可以在外交谈判中大显身手，而且可以在各类社交圈中成为众人的焦点。如果说国王和君主们有什么学问的话，也就是这方面的东西了，可能他们了解得还要更加细致些。所以，如果你出席他们举办的宴会，正好可以投其所好，和他们讨论这方面的问题，一方面可以显示自己的才学，另一方面也可以拉近你和他们之间的关系。

还有一种所谓的聊天，也就是闲扯，宫廷中、那些鱼龙混杂的社交圈里，闲扯都相当普遍。这样的闲扯比较随意，不会太高深，也不会太愚蠢。聊天的时候，最严肃的话题可能也就是欧洲各国发生的一些大事了，而在多数的情况下，话题的焦点会集中在各个国家和地区军队的多少、强弱、纪律和服装这些东西，有些涉及王宫贵族的家族、婚姻和关系网，有时候也会谈到舞会之类的公共消遣。我希望你能够成为一个闲聊的高手，能够驾驭这些琐碎的话题，让大家闲聊的时候都能够自然而然地想到你，碰到有疑问的时候甚至会自然地说："但愿斯坦霍普先生能够告诉我们……"

有些看似不重要的知识和才能，有时候反而比那些看起来最重要、最醒目的知识和才华更能够促进人的成功。塔西佗曾经说得很恰当：一个人，如果能够先后在三四个暴君手下担任要职，那么他靠的绝对不只是那些最重要的知识和才华，他一定还通晓一些别人看来不重要的知识和技能，所以才能够在不同的人面前游刃有余。

此外，良好的判断力，也是走向成功必须具备的一种能力。以上所说的一切，都值得你仔细思考。你要多和优秀人士交往，经常去拜望那些已经认识了的名门贵族，再通过他们结识更多的人，尤其要经常去宫廷走动，增长见识，只有这样，你才能够学到这些知识和能力。

就在刚才，我收到了你18日的信。关于我买画的事情，你很快就可以收到我的最终答复了。上一封信，我已经告诉你了，马海毛的布料已经托别人直接捎给加莱的莫雷尔夫人了。

我很为你的两位“养子”感到遗憾。这两位王子都实在太蠢了。不过，他们有幸能够和你关系密切，我还是会对他们以礼相待的。

我承认，你现在不宜离开巴黎太久。我希望你能够继续待在那里，把握时机，向各方面的老师学习基本的知识和技能。但是，等你回到伦敦与我相聚一段时间再回到巴黎之后，每周除了去上一两次马塞尔先生的课程，别的课程就都不需要了。而且，到了那时，我希望你能够经常去凡尔赛宫和圣克劳德拜访，每次在那里待上三四天。你是认识德·拉·瓦利神父的，他会把你引荐给宫廷里面的其他要人。宫廷将是你成长的沃土，你应该尽快熟悉它的性质。它就像其他的土壤一样，有的地方肥沃，有的地方贫瘠，但是只要你辛勤耕耘，你就能够有所收获。

你说你需要一些给查斯特菲尔夫人写信的提示，实际上，再对这个社会多了解一些，学习一些，那么不管是谈话还是写信，你都可以优雅娴熟了。具备广泛的社会知识非常有必要。比如，有些社交圈喜欢谈论特定的话题，谈别的事情都是没礼貌的，你和这些人聊天的时候，也只能谈论这个话题，否则他们根本没有办法理解你的话。

再见！

四十三、灵丹妙药

格林尼治

1751年7月15日

亲爱的朋友：

这应该是我们见面之前的最后一封信了。但也许是倒数第二封，我想在享受到与你见面的欢欣之前，我还是会忍不住给你写信。但这并不影响我为我们的见面作准备，以便到时候我们能够愉快地相处。君王们会见的时候，各自的大臣都会提前商讨种种细节，比如说，座位的安排，谁坐左边、谁坐右边，如此等等。这样他们才会提前知道哪些事情他们可以做，哪些人他们可以信任。他们的确需要如此。因为他们之间通常都充满嫉妒和憎恨，彼此之间互不信任。但是我们就不一样了。我们不需要这样的安排。你知道我对你的关爱，我也了解你对我的感情。我准备的是希望到时候和你在一起度过的短暂日子能够对你有所帮助，而你，我希望你能够和我配合。我做这一切都是为了你，不过这是否能够让你开心，我却不肯定。

催吐药和泻药就不为你准备了，我肯定你不需要这样的药。但提升你自身的药，你肯定很需要，可以告诉你，我准备了许多“灵丹妙药”。除你之外，我不会给任何人。不再绕圈子了，我会把我五十七年生命所积累的所有经验都毫无保留地传授给你。为此，我肯定会频繁地指出你身上的不足，以帮助你及时地改正。不过你放心，我可以担保，我对你的指责和劝告都是非常温和、友好的，是以暗示的方式给你指出的，你既不会因此在人前丢脸，也不会在和我独处的时候觉得难堪。你现在才19岁，我并不指望你现在就能够精通人情世故，具备优雅的礼仪和随机应变的能力，这些29岁的人都很难做到。但是我会努力教会你这些东西。而我相信，你也会努力学习的。你的年轻，加上我的经验，我们一定可以在我们一起度过的日子中做到这一切的。你可能存在很多的不足，（你肯定会有的，你这样年纪的人，谁可能没有呢？）很少有人会给你指出这些错误，而且有些错误，除了我，别人都不会给你指出来。可能还有一些不足，只有我才会发现，因为别人不会像我这样仔细观察你。你的一切，即便是礼仪上最微不足道的疏忽，言辞上不伤大雅的纰漏，着装或姿态上不引人注意的瑕疵，都逃不过我的眼睛，而当然我也会给你友善地指出来。有些朋友，亲密到可以毫无顾忌地指出彼此的缺点或错误，但是却不会告诉对方一些小的欠缺、不雅或自以为是。但是，我希望我们之间可以毫无保留。

我曾经有一个朋友，非常值得交往。我和他之间非常亲密，他身上的缺点，我可以随便指出，不用顾忌。他本身的缺点不多，我指出后，他便非常虚心地接受我的意见一一改正了。但是，他还存在一些缺陷，我却没有办法直接告诉他，只好通过暗示的方式，但是他却有些迟钝，一直都没有理解我的意思。他的脖子又瘦又长，就像根火柴似的。而那时候，正流行在假发外面套上一种包袋状的装饰品，而他当然也赶时髦。可惜，他的装饰却很难在脑门上规规矩矩地待着，只要他一动，就会滑向一边，很不好看。另外，偶尔他也会像其他人一样，在社交场合跳上一段舞，可是他的舞姿却糟透了，动作笨拙，跟不上节奏，而且他身材如此瘦弱，整体形象显得滑稽异常。如果他的舞技能够像马塞尔先生那样出色的话，还能弥补一些东西，但是可惜他的舞技也不怎么样。我曾经在他可以承受的范围内向他多次暗示，希望他能够明白我的好心。可是我却没有办法告诉他这些问题，没有办法让他立即改正。在我看来，这样的欠缺，只有身为父亲才能对子女指出来。幸好我不是他的父亲。

一般一个人的父亲过世，对他来说，未必是一种不幸，而子女离世，也同样。但是我和你之间，却不是如此。我深信，我们绝对不会主动去改变我们之间的关系。我希望，并且相信，我到了老年的时候，你能成为我的安慰和骄傲，而我愿意做你的支柱，为你付出关爱，在你年轻的时候引导你前行。请相信，我对你所做的一切都是坦然而无保留的，我对你的忠告也是没有任何私欲和嫉妒之心的。哈特先生对你的关爱也是同样的。不过，他还是不可能像我这样，毫无保留地指出你身上的问题，而且，他在某些事情上的判断力也明显比不上我，毕竟，我的经历比他丰富。

见面后，我们交谈将主要使用英语，你不但要发音纯正，言辞也要优雅。虽然你在这两方面还是有所不足。我会和你聊一下英国的政治，我相信，你对欧洲国家的政治的知识会比对我们自己国家的还多。我会和你聊聊礼仪、谈吐，还有风度，以及所有我觉得必需的艺术，即令人喜欢你的艺术。当然，也不可以忽略穿着的问题，关于这一点，我想我可以证明给你看，它值得你多多关注。想来我们要聊的东西真的很多，可能在某些方面比马斯科教授对你更有帮助。说实话，我希望你可以对我的辛勤付出做出回报。虽然你肯定不会介意给我钱财，但是我想要的不是钱财，你对我最好的回报，就是虚心地接受我的意见，将它们付诸实施。

在你离开巴黎之前，千万要记得逐一去和那里的朋友、熟人特别是女士们道别，如果你有的话。要让他们期待着你的返回，而且是迫不及待地期待着你的返回。你要发自内心地告诉他们，你非常期望能够早日重返巴黎，与他们重聚。离别的时候，每个人都会说一些道别的话，但是表达方式却各自不同，因此而产生的影响也不一样。请尽量牢记他们的托付，不要有什么差错。我的经验告诉我，有些人非常麻烦，看起来非常大度，但是却往往不容易对付。即便这样，你也不能拒绝他们的托付。他们过去帮助过你，所以你也应该为他们做些什么。不过，有些事情太过无聊，你可以找借口推辞掉，你可以说，你将取道弗兰德斯回巴黎，还得游历沿途的城镇，他托付的事情你实在非常不方便帮忙。实际上，我确实打算让你从弗兰德斯回巴黎，途中在布鲁塞尔逗留七到十天。

再见！旅途愉快！如果不是我们见面前的最后一封信，下一封信，我会再这么祝福你一次。

四十四、戏剧艺术

伦　敦

1752年1月23日

亲爱的朋友：

你看过那出新的悲剧《瓦农》了没有？感觉怎么样？请告诉我。因为我想把自己的品位传授给你。

我听说，这出戏的情节和悬念设置都十分出色，里面的情节峰回路转，跌宕起伏。但是台词非常糟糕。我猜测，巴黎人，不论男女，都是戏剧演出的批评家，所以现在这出戏应该是所有巴黎人聊天的中心。那些评论既能够提升品位，也能够提升人的判断能力，肯定比我们这边混乱的小圈子说出的评论强，我们不过是在玩牌的时候偶尔抬起头来闲扯一句，既不会让人愉悦，也不会有指导意义。考虑到通常都是女士们说个不停，我觉得之所以会存在这种差距是因为英国的妇女没有像法国妇女那样受过良好的培养和教育，另外，她们本就天性严肃沉默。

我真希望英法两国的戏院之间能够签订一份契约，双方都做出一些妥协。英国人应该停止那些对戏剧应有的三一律的践踏，还有那些频繁出现在英国戏剧舞台上的凶杀、拷问、死尸或者牲畜尸体的恐怖场景。法国的戏剧偏重于人物的对白，今后应该多加入一些肢体语言，减少那连篇累牍的辩论，同时为了遵循戏剧的三一律，也应该减少一些不必要的情节和台词。英国要约束一下他们那些肆无忌惮的剧作家，而法国则要给他们的剧作家一些自由。法国的剧作家是最卑微的奴隶，这是毋庸置疑的事情；而我国的剧作家却是混乱的代表，这也是老生常谈了。在做了这些改革之后，观众就有可能看到一种新的戏剧：剧中独白的长度不会让人睡着，情节和场景的安排也不会吓坏观众，偶尔也会打破了时间或地点的一致性，戏剧中的故事发生的时间跨度超过了24小时，可能会持续三四天，或者发生的地点从可以封闭的室内延伸到户外的某条街道、某个小镇。

在我眼中，人们应该更加关注剧中深邃的智慧和丰富的想象。我承认，悲剧中某个英雄或王子对自己所受的痛苦和不幸抱怨个不停，看起来确实不怎么自然。但是还是有必要让他们适当地花上半小时抒发一下心中的感想，否则悲剧就没有办法继续下去，除非采用古代合唱队抒情那样更荒唐的手段。从某种程度上讲，欣赏悲剧是一种自我欺骗的行为。我们必须让自己融入想象的世界，去体会其中的悲伤。

悲剧必然要高于生活，否则就无法感动我们。在现实生活中，最强烈的情感通常都是用语言无法表达出来的。可是在悲剧之中，这种情感都得说出来，而且还要高雅地说出来。因此，就必须有台词。而法语有一个致命缺陷——韵律。因为这个原因，加图可能会在巴黎为了让阳性词和阴性词押韵而窒息，却会在伦敦缓过气来，重新享受韵律的和谐。

喜剧与此大为不同，需要贴近生活。舞台上每个人物的语言，不仅要符合情节的发展，还要与人物身份相符。因此，我认为喜剧的台词不需要讲究韵律，你不可能让人相信，一个被高利贷蒙骗的笨蛋能够讲出那么优美的韵文来。只有疯了的剧作家才会这么做。

而歌剧呢，它们从本质上说是荒谬而奢侈的东西，我把歌剧看作一种魔幻的场景，迷惑观众的视听，让观察丧失正确的判断力。在我看来，歌剧中充满了歌声、乐声和钟鼓声，英雄、公主和哲人，还有山川、树木、飞禽走兽，都不自觉地随着俄耳甫斯[①]的伴奏一起翩翩起舞。每次去看歌剧，我总是忘掉自己的理智和判断力，只用耳朵和眼睛去欣赏，这就够了。

我已经向你坦白了我对戏剧的看法，我承认，其中有很多的观点有别于英法两国传统的欣赏品味。但是我不会因此而改变自己的观点。我会像坦诚的异教徒那样坚决不会接受传统教会的教条。到了我这个年纪，有权利去选择符合自己品味和思考的东西，而不必在乎别人的意见。年轻人有很多优势，但是在坚持自我这一点上，却比不上老年人。有时候，你不得不在表面上遵从传统的品味，紧跟流行的时尚，或者附和他人的观点。私下里，年轻人可以非议公众的看法和偏见，但是要用温和的态度，而不应该猛烈蛮横地抨击。对于别人的看法，你应该学会去倾听和理解，然后彬彬有礼地接受，以此为基础冷静地得出自己的结论，然后用温和的态度表达出来。

我收到了一封来自约翰·兰伯特先生的信，他恳请我在他出国的时候，用我的资产来帮助他得到斯宾塞先生的汇款。他同样想知道，我欠他的邮费，他应该从哪里得到。你应该能够达成这项委托的，我就没有必要给他写信回答了。请帮我向他致意，告诉他，我会竭尽全力帮助他打通斯宾塞先生的关系。但是他最实际的方式还是找一下斯宾塞先生的出纳员霍尔先生，他肯定有决定权的。关于邮费的事情，你的钱包就和我的一样，你下次取款的时候就去付吧。

你的“养子”，两位B王子，这周离开伦敦，很快就能和你在巴黎重聚。不管你何时与他们说话，我建议都使用意大利语，这门语

① 太阳神阿波罗之子，善弹竖琴，其琴声能感动草木、禽兽和顽石。

言你还是不是很熟练。

从我们的报纸来看，医院被从巴黎主教的掌控中，转手到了德·阿格森先生手中，似乎就是国王与国会之间的妥协。如果真是这样，可以说，这种妥协是王室的胜利，也是国会的失败。因为国会对于德·阿格森的排斥和对主教的排斥没什么差别。

就到这吧，再见！

四十五、力求接近完美

伦　敦

1752年2月20日

亲爱的朋友：

宗教、政治、道德……任何领域中，人们都竭力地追求完美。但是可能，或者说，肯定还没有能实现这一目标。但是，那些凡事力求完美的人，毫无疑问能够一点点地接近这个目标，而那些悲观消极或好逸恶劳的人，离完美的境界只会越来越远。

在日常的生活中也是同样。那些把完美当作追求的人，往往能够更加接近完美，而那些意志消沉、懒散放纵的人，总是常常愚蠢地自我安慰："这个世界上没有人是完美的，所以想要追求什么完美，不过是痴人说梦。虽然如此，我还是会像其他人那样去尽量做好，但是不会为了追求不切实际的完美而自寻烦恼。"相信不用我多说，你也能看得出来这番理论（如果可以用理论这个词来形容的话）是多么荒谬、多么愚蠢。相信这种理论的人，往往不会在自己的人生道路上有什么积极的表现，也无法在生活中施展自己的才能，实现自己的理想。

相反，聪明勇敢的人会说："也许由于人类的本身就有缺陷，做到完美十分困难，但是我还是会全心全意、竭尽所能地去努力实现这个目标。每天提高一些，总有一天能够到达理想的彼岸。至少，我相信我的努力不会让自己离这个目标太远。"

在我和一些愚蠢的人说到你的时候，他们总会十分惊讶地说："怎么？你想让你的儿子成为完美的人？"

我反问："为什么不行呢？对他、对我，这都没什么不好啊！"

他们马上会说："可是这是根本不可能的事情啊！"

我回答道："我也不是很肯定是否一定可以做到。我承认，很难实现抽象意义上的完美，但是具体到品行上，我希望他能够做到完美，而且这也是可以做到的事情。"

他们接着说："你的儿子头脑灵活、本性善良、学识广博，而且每天都在提高，你还奢望别的干吗呢？"

我答道："为什么不呢？我希望他能够拥有最得体的行为举止，最迷人的谈吐和风度，我希望他浑身都能散发出优雅的气质，希望他能够全身心地投入自己所做的事业，希望他能不断地完善自己的品格。这对他的头脑、本性和学识又有什么不好呢？"

他们又说："可是，认识他的人已经很喜欢他了呀。"

我很感激地说："听到你们这么说，我真的很高兴，不过我希望人们第一次见他的时候就能喜欢上他，和他深入交往之后能够更喜欢他。"

他们反驳道："其实，这些事情没有什么意义，你没有必要那么关注。"

我也反驳道："如果你觉得这些事情琐碎没有意义，那么你就太不了解人性了。对这些细节，我们应该关注得更多一些。赢得他人的支持单靠理解力是远远不够的，只有具备这些细节上的品质，你才能够做到。我宁愿他的语法、历史或哲学上有什么不足，也不愿意看到他的言谈举止有什么缺陷。"

"可是，你得知道，他现在还年轻，未来总会慢慢完善的。"

"我也希望能够这样，可年轻的时候如果没有好的基础，将来怎么可能做到完美呢？”

“好啦，好啦，他肯定能做到的。你可以完全放心。”

“我相信他能做好，但是我希望他能做得更好。现在我对他很满意，不过我希望他能成为一个更加光彩夺目、更加卓越的人，我希望自己今后能够以他为荣。”

“你见过集所有优点和才干于一身的完美的人吗？”

“是的，我见过。博林布鲁克爵士就是这样的人。他身上凝聚了所有人的优点，既有朝廷重臣的优雅得体，又有政治家的睿智勇敢，还有学者的渊博深刻。你刚才也说过，我的孩子也有许多的美德，为什么他不能成为完美的人呢？没什么能够阻碍他完善自我，除非他自己对那些意义重大的‘琐事’漠不关心。我不认为他会变成一个懒散疏忽或者没有什么斗志的人。”

老实说，这就是昨天我和海文女士围绕你而展开的一番对话。现在，我一字不漏地转述给你，你可以自己来作决定。如果你觉得我说得有道理，那么，就请你向着目标努力吧。

最后我简要地概括一下上面的对话：

不论你在什么地方，请与上流社交圈保持往来，细心观察他们的言行举止，向你觉得优秀的人学习，然后将各种长处综合起来，为己所用。这样，你才能不断地接近完美。

我希望你能一切都好，同样也希望你的那位棕色的美国友人一切都好，我听说她的亮相非常惊艳，如果她没有那么自我的话。巴黎很多人都因此而盼着能够找到成卷的书信。我想我的信是其中的第一封。

弗朗西斯的《尤金妮亚》已经演了两场了，得到了广泛的好评，今天是第三场，我打算去看。我没有想到这部戏会如此成功，因为我们英国的观众很长一段时间以来已经习惯了谋杀、逼供与毒药组成的悲剧。但是这部戏却如此的深入人心，它战胜了人们的习俗和偏见。女人全都为之落泪，而男人也都被深深感动。由盖里克一个人担纲的序幕非常的棒。序幕是属于老盖里克的，但更确切地说是属于弗朗西斯的。他会通过这部剧赚到很多钱，所以，你需要的时候可以找他借。

我通过报纸得知，巴黎的国会没有把医疗当作关注的重心。虽然国王已经放弃了大主教的地位，但是他把这些置于大议会的管理和监督之下，国会真的没有什么疑问了。这自然需要你去调查学习议会的章程。无疑，你需要搞清楚国会是哪些人员组成的，处理些什么事情，是否还有更高的地方可以上诉，以及其他所有有用的知识。在法国，还有其他三四个议会，你也应该去了解，我敢说，你已经知道他们了。但是如果你还不知道，那么立刻去学习。我已经告诉过你，这些事情在法国的社交圈中可以学到，但是在英国社交圈中却没有，我们的同乡并不会费心去了解这些。打个老套的比方，你需要像蜜蜂一样，从每一个角落搜集你需要的东西。在一些社交圈，通过适当的途径，你可以得到很多常识。当你和那些高层人士交往的时候，要从他们身上学习法规、内政等。这些就说明你需要维持很多法国不同的社交圈，这件事情比你闲逛或流连巴黎的英国社交圈，哪怕是A尊爵的社交圈，都好得多。喜欢安逸，讨厌约束——我想你两方面都有，对年轻人来说，这两种事情都是很容易上瘾的——会让你喜欢留在自己的同乡之中，但是希望你能够抵御那些诱惑，去参加那些能够帮你学习提高的集体。你留在巴黎的时间不会太多了，一定要珍惜，只要你可以，就去拜访家家户户，多认识一些人，了解当地的人和事，这样当你离开那里到了别处的时候，听到的任何一个与它相关的事物，你都会有一种熟识的感觉。

再见！

四十六、精通多国语言的优势

伦　敦

1752年3月2日

亲爱的朋友：

不知道你的阿里奥斯托读到哪里了？你有没有看到那篇充满了真理与谎言、庄严与放纵、骑士和术士最具特色的诗篇[①]？那篇的一开头就已经将这一切表现了出来：

为了爱和那些美丽的红颜
为了勇敢无畏的骑士
还有他们强有力的臂膀
更为了数不清的传奇
我歌唱
用我最谦恭的心情

我敢说，说到独特的构思和栩栩如生的描写，荷马史诗也无法与其相比。有什么人能比阿西纳的人生更吸引人呢？又有什么能够奢华过那里的宫殿呢？又有什么能够比在月光下搜寻奥兰多和别人丢失的

① 此处指的是阿里奥斯托的代表作《疯狂的奥兰多》。又译作《疯狂的罗兰》，是一部模仿中世纪传奇的作品，一部具有史诗格局的传奇。故事中不但有气吞山河的征战、残酷骇人的杀戮，也有缠绵悱恻的爱情、惊心动魄的比武等，情节引人入胜。被公认是意大利文艺复兴时期的最好的文学巨著，并立即风靡了整个欧洲，影响深远。

智慧这样的情节更有创意、更夸张和更恣意的故事呢？所有这些都值得一读。这不仅是一部文字优美的诗歌，而且是所有现代故事、小说、语言和传奇素材的源泉，正如古代的各种神话故事孕育出了古希腊诗人奥维德的《变形记》。另外，如果你能够把这部作品从头到尾读一遍，你的意大利语就没有什么问题了。之后你读起塔索的《解放了的耶路撒冷》和薄伽丘的《十日谈》也能轻松自如。读完这三位作家的作品，就基本读完了所有值得一读的意大利的经典。不过意大利人对我这种说法可能会勃然大怒。

作为一名绅士，我所说的每种语言的经典名著，你都应该了解。例如法国的布瓦洛、高乃依①、拉辛②、莫里哀，英国的弥尔顿、德莱顿③、蒲柏④、斯威夫特的作品。意大利的，以前面提过的三位作家为主。我不清楚你是否读过德语的经典，也没有太大兴趣了解。这类经典名著不仅能够扩充你的知识，丰富你的想象力，也是上流社交圈聊天的话题。既然你能读懂那些语言，而且你也能记住它们，花点力气去学习这方面的知识是非常值得的，它能让你在社交圈子中与众不同，这些作家的作品虽然公认已经很久远，但是聊天的时候引用却不会显得掉书袋。

良好的教育赋予了你许多突出的优点，我觉得你精通多国语言就值得一提：不用去相信翻译作品，你可以直接去阅读原著；可以和来自不同国家的人们直接对话，而彼此之间语言不同的人就无法做到。在生意场，有些大买卖是因为一个词的力度或强度而促成的；

---

① 高乃依（Corneille，1606—1684），法国剧作家。5幕韵文剧《熙德》为法国古典主义戏剧的建立奠定了基础。

② 拉辛（Racine，1639—1699），法国剧作家、诗人。

③ 约翰·德莱顿（John Dryden，1631—1700），英国古典主义时期重要的批评家和戏剧家，第一位被受封“桂冠诗人”的作者。

④ 亚历山大·蒲柏（Alexander Pope，1688—1744），18世纪英国最伟大的诗人。

谈判桌上，落后的一方可能因为恰当地发挥了某个词的力量而占据上风，而原本有优势的一方却可能因为一个不恰当的粗俗的词而落后。现在你已经掌握了四门语言，我希望你能够进一步学习，以便能够更加准确、更加得当也更加优雅地使用这四种语言，这对你来说，当然不是什么问题。多阅读一些有关经典名著的评论文章，去请那些有能力的人指导你认识作品中的独特之处。皇家港口出过一本关于法国语法的小书，布里巴菲尔也有一本，这两本都值得一读，还有一本叫作《法语同义词辨析》的小书，也很不错。也有这方面意大利语的工具书，你也要看看，德语的可能也有。既然你已经会说这些语言，我觉得就需要说得尽量更地道，更准确，也更优雅。看到一个努力学习当地语言并且能够说得非常流利的外国人，总是让人很鼓舞。这不仅让当地人油然而生一种民族自豪感，而且也会让他们放掉心中或多或少的排外意识。

我将把弗朗西斯的《尤金妮亚》的剧本寄给你。这里有品味的人都非常喜欢它。公演第六天，戏院的包厢中依然挤满了观众。对于一个真正的英国观众来说，没有死亡的悲伤是很难有感染力的。他们已经习惯了舞台上充斥着匕首、刑具与毒药。不同于贺拉斯的创作理念，观众们渴望能够看到美狄亚杀死自己的孩子的场景，而有些太微妙的感情却很难打动他们，他们的心只能接受暴风雪般的情节，而无法忍受冗长的对白。

你没有找回在加莱丢失的东西？里面有一份是我妹妹托你转交查尔斯·哈特汉姆爵士的小包裹，不知道你能不能给他？如果你还没有办到，我想你很快就会有机会。我希望你不要忘了，过几天你要去巴黎会见德埃利昂先生，他是取道巴黎去日内瓦，而查尔斯先生正在那里，而且会停留一段时间。

再见！

四十七、珍惜身体和时间

伦　敦

1752年3月5日

亲爱的朋友：

我没有按时收到你的来信，因此很担心你的身体。我相信，如果你没有生病，你会遵守我们的约定，按时给我写信的。我知道，你根本不在意自己的身体，但是我不愿意看到你一副病恹恹的样子。年轻人总觉得自己身体还很强壮，时间还很多，所以就随便糟蹋身体、浪费时间，等到将来明白健康和时间的重要性时，早就无可挽回了。只有平常好好照顾自己，珍惜光阴，才能拥有强健的身体和充裕的时间。这么做，不会令你丧失快乐，反而会使你享受到更长久的快乐。你需要明智一些，好好守护健康和时间这两笔财富，投资的时候千万谨慎，要只选择高回报、低风险的事情进行投资。

现在你已经能够合理地安排时间，看到这些，我觉得非常欣慰。虽然时间的重要性这个问题我已经跟你提过很多次了，但是我还是忍不住地再提醒你珍惜时间。的确，人生的旅程中，你还有很多很多的时间，但是就当下而言，你的每一分钟都十分宝贵。充分利用现在的每一个小时，远远胜过将来的二十四个钟头。现在的每一天等于将来四十年的时间。不管你什么时候得闲或者挤出零星时间（我说挤出时间，是因为你现在的主要任务应当是社交和了解社会）来阅读，请一定要选择对你有帮助的书，全神贯注地阅读，绝对不能一心二用，分神去处理其他的琐事。你可以利用零散的时间读一些风趣新鲜的书，但是记住，一定要看已被历史证明是最优秀的名家名著，千万不要去看二流、三流作家的作品。

不管做什么，你都要尽快去完成，千万不要半途而废，如果可能，就一鼓作气地完成。千万不要把工作当成儿戏，做事拖拖拉拉。就工作来说，最适合的时机就是第一时间。你要明白，就在人们放松娱乐享受的时候，时间往往悄悄溜走了。许多人觉得，不学习、不工作是最大的享受，但是事实并非如此。无事可做的时候，人们可能躺在床上睡懒觉，这样很容易染上懒惰的习惯，变得只愿意进出那些没有约束的场所。对这种虚度光阴的做法，你千万不能掉以轻心。你去的每一个地方都应该给你带来欢乐和生机，帮助你提升自我；你应该从你交往的人身上学习各种知识，改善自己的举止。有些场合，你得学着向妇女献殷勤。你要经常去拜望一些品位高雅的智者，结交一些有地位、有身份的权贵，但拜托你千万不要去招惹那些愚蠢的懒人，受人尊敬的上流社会是塑造年轻人最好的学校，在这种社交圈里面，尊重他人、关心他人是必须学会的礼貌。确实，刚开始进入上流社交圈，你肯定会觉得非常不习惯，会感到很多束缚，但是你很快就会习惯，最后会自然而然从容自在。刚开始的时候，不可能期望别人会很关注你，可是你可以主动地去多关注别人一些。你可以去观察他们的行为举止，揣摩他们的心理，渐渐地，你也会融入这个环境。

我像你这么大的时候，这些事情也都经历过。我尝过在社交场合连续几个钟头无人搭理的滋味，后来，我开始观察周围的人，从他们身上学习社交礼仪，以使自己能够表现得出色一些；慢慢地，我也成为这个社交圈中的一员。当然，我很谨慎，没有把时间荒废在无聊的聚会上，那样的地方，我享受不到愉悦，也不会有什么提升。

年轻人不应该表现出懒惰。对年轻人来说，懒惰危害严重，愿你能离懒惰的状态远远的。有时候不管你是否情愿，有多大困难，都要坚持与有名望的人来往。这些人通常或是出身名门，或是学识渊博。拥有这样的经历，你今后不管走到哪里，都能够顺利进入当地的上流社交圈。因此，请你千万不要表现出懒散的习惯，珍惜生命中的每一分每一秒，认真工作，尽情娱乐。不管身处何方，都要尽可能去结识时尚、美丽的贵妇人。只要她们不是拒人千里之外，你很可能进入她们的社交圈。只要你能时刻尊重、关心他人，就能够顺利进入上流社交圈；只要你经常表现出对别人的钦佩和亲热，不论那是否值得，你都会成为受欢迎的人。对于一个年轻人来说，只有这三种社交适宜，其他的社交都无法得到愉悦和益处。

我一直都很担心你的身体，直到终于收到了你上个月8日的来信，我才打消了心头的疑虑。不知道出了什么事情，我到现在才收到这封信。

我很想读读伏尔泰的《罗马盛衰原因论》，就是你们这些挑剔的批评家挑出不少毛病的那本书。我相信，我读完之后，非但不会认同你们的说法，反而可能对其赞赏不止。因为伏尔泰的才华无与伦比。

《喀提林阴谋》对于悲剧来说，并不是一个合适的主题，情节过于简单，诗人没有足够的机会去感染观众的情绪。整出戏更像一个蓄意安排的阴谋。显然，克雷庇隆已经明白这种缺陷所在，所以制造了另一个吸引人的地方——可以说是荒谬地让喀提林爱上了西塞罗的女儿。

听到你去了凡尔赛并和德·肯泰斯特先生一起用餐，我很高兴。你没有去参加与法国国王和外交大臣的会谈，也许是你不愿意去，难道你觉得旁听他们的谈话、观察他们的举止和表现对你丝毫无用吗？要知道，这对你大有裨益。同样，和国务大臣这样有身份、有地位的人交往，能够帮助你提升自我。虽然开始的时候你没有办法融入他们中间，但是这种局面会慢慢改变。仔细观察，用心学习，你可以从他们身上学到许多的东西，对你今后的发展大有帮助。

请帮我转告约翰·兰伯特先生，今天我见了斯宾塞先生，请兰伯特先生做他的担保人（这也是哈特先生大力推荐的）。斯宾塞先生下个月将前往法国某地，不是巴黎。我想到时候，他肯定会很想在法国多见识一下。因为他到现在还是个彻头彻尾的英国人。你应该明白我的意思的。

就到这吧，祝你晚安。

四十八、关于虚荣的辩证思考

巴　斯

1752年11月16日

亲爱的朋友：

虚荣心，或者应该用一个优雅的名字，比如说，对赞扬和夸奖的欲望，也许是指导人类行为最基本的准则了。我不是说这是最好的，我承认有时候虚荣心会带来愚蠢的行为，甚至犯罪。但是更多时候，虚荣心能够引导人们去做正确的事情，尽管人性应当表现得更好、更合理，但是考虑到虚荣心的正面意义，它是值得珍惜并倡导的。没有欲望的时候，我们做事就会漫不经心，懒散懈怠，没有兴趣，不会使出全部的能力，很难有所收获，而相比来说，有强烈虚荣心的人，却可以表现得异常优秀。我们应该向这样的人学习。

我一直都对你很坦白，所以，向你承认自己的弱点也不是什么难为情的事情。我完全承认自己的虚荣心，这一点如果能够被称为弱点的话，那么承认自己有这样的缺点，我很坦然，甚至可以说我很高兴。如果说，我有幸能够获得其他人的尊重，那么，原因就是我拥有的这一强有力的指导原则。刚开始踏入社会之时，我并非毫无所望，我非常热切地期待着人们的赞美和喜爱，期待着受人欢迎。虽然，从某个角度说，在这种虚荣心的驱使下，我做了很多蠢事，但是另一方面，也是在它的引导下我做了所有应该做的事情。它让我对我不喜欢或看不起的人保持礼节，虽然我并不想和他们成为朋友，但是却也想得到他们的赞扬。无论在什么样的场合，我总是让自己的穿着打扮、一言一行都表现到最好。当感到周围人因此对我产生好感的时候，我就欣喜若狂。和男人交谈的时候，我总是尽力展现自己擅长的学识和才能；和女士交谈的时候，我肯定是殷勤地讨好她们。另外，再和你说一个秘密，因为虚荣心，我曾用心地去追求一个女人，历尽挫折也在所不惜，只是希望她能够爱上我。在与男人交往的时候，我总是想让自己显得卓尔不凡，至少是位于卓尔不凡的人群之列。这样的欲望激发了我无尽的潜能。即便我没有办法成为最出色的第一人，也至少要做到第二或第三的位子。因此，我很快就成为风头人物，而一个人一旦如此，那么他所做的一切都是正确的。当我发现自己的风头和受欢迎的程度时，我就无限欣喜。我参加各种各样的聚会，这使我结识了一些上流社会的贵妇人，并赢得了她们的青睐。姑且不论这种青睐是真是假，它都为我带来了很多其他好处。在人群之中，我就如同普罗透斯一般多变，根据不同的交往对象改变自己：在享乐的人中间，我是最会享受的；在严肃的人中间，我是最正经的。与人交往的时候，我绝对不会疏忽最基本的教养和礼仪，与所有人我都能维持最基本的交情，因此我很快就与当地最有影响的风头人物有了来往。

哲学家们将这种虚荣心称作卑劣的品性，但是我却不这么认为。我今日的大部分成就都可以归功于它。我希望你身上也有这种品性，我担心，你真的缺乏。你总是一副无精打采的懒散样子，对于赢得人们的赞赏并不用心。你这个年纪，不应该有这样的表现，这是老人和理智的哲人才应该有的。有句话虽然老套，但是却说出了真理。“做事就要一往无前。”如果可能，一个人就应该出类拔萃，熠熠放光，令人着迷。我肯定，你在巴黎能够看到许多竭尽全力表现自己的人，拉布吕耶尔很公正地描述过：“这是一个我们都不能疏忽的世界。”只要一个法国人想要获得别人的赞扬，他就绝对不会表现出一丝马虎大意，仔细观察，你就会发现每一个人都神情专注，眼睛中闪着光芒。他们想要得到的就是别人的注目和赞赏。我向你推荐虚荣心这种品性，希望你能把它付诸现实。我向你保证，它会改变你的生活。学着去让所有的人喜欢你、尊敬你。我敢说，这是世界上让你出人头地的最有效的方法。

你到达巴黎之后，我就没有收到过你的信。这段日子，你本应该给我写两封信或三封信的。再过十天或十二天，我就会离开巴斯，返回伦敦。我知道留在这里的好处，但是这并不是我想要的全部。代我向阿尔比玛尔伯爵问好。

四十九、面对挫败

巴　斯

1754年11月27日

亲爱的朋友：

我要由衷地祝贺你政治演说处女秀成功，我收到了许多这方面的消息。另外我听说，你的工作曾经一度止步不前，后来渐渐缓了过来，最后非常漂亮地完成了。你这次工作上出现的意外情况，我并不觉得意外，说实话，我甚至不太放在心上。我也经历过类似的事情，至今依然清楚地记得当时糟糕的感觉。这样的情况下，通常都需要付出很不寻常的努力才能忘掉那种挫败感。对于你的这次困境，我还真的不能完全放心。现在，你要考虑的事情，是要无视自己内心深处的声音，让自己变得坚强，对生活中的起起伏伏泰然处之。而你最佳的锻炼方式应该就是参加晚间的选举委员会工作，然后在第二天上午起草非官方的提案，你可以向来访的人问一些简单的问题，或者去实地考察，用不了多久，这些琐碎的事情就能够帮助你站起来。我听说你把这次意外当作很大的耻辱，这实在不理智。你不要把它当作一种阻力，而应该当作一种动力，坚持不懈，这样，你就能获得最终的成功。我所说的坚持不懈，并不是要你每天都喋喋不休，或是去参加所有的辩论。我建议你今后的一段时期内，比方说一两个月，都不要就某个公众话题发表看法。但是，你不可以疏忽公众事务，而应该始终热衷关注，厚积而薄发。

我时常对你说，在公开场合演讲需要一定的技巧，那些能将演说技巧发挥到淋漓尽致的人往往能俘获听众的心，这次有两位很有观察力的资深议员向我祝贺，说你在下议院的演说非常精彩。不过他们觉得里面还存在一些瑕疵，你确实没有把自己要表达的意思清晰地表达出来。

总之，你工作的开端非常顺利，又有许多人在支持你，所以，你更要兢兢业业地工作。密切关注议院的动向，这是造就演说家的唯一的源泉。如果你还想寻求安慰，那么我希望你可以去找某女士。只要她愿意，她肯定能够帮助你。与女性交谈，就像是在议会中发表演说一样，只要坚持不懈，总会取得突破的。

我在这儿经常和人玩些牌，也赢了一些，但是比你听说的那个大数目要少得多。每天晚上从7点到9点我参加一个皇冠惠斯特聚会，就是为了让自己的眼睛不要因为在烛光下读写而产生疲劳。我打算再过两个星期就回伦敦，希望那时候我的身体能够比来的时候好一些。

晚安！

五十、努力工作会更快乐

布莱克希斯

1757年9月17日

亲爱的朋友：

你写给赫德尼斯爵士的每一封信，他都会与我交流，我知道你8月15日、19日、23日、26日寄给他的信，还有他这个月9日给你的信。我对这些信相当满意，国王也是如此。三天前，国王对穆昭森先生说："他（指的是你）的信写得非常好。我很喜欢读。这么看来，他和我大多数驻外大臣一样，不至于变成游手好闲的人。"这对你既是赞赏和表扬，也是警告。赫德尼斯爵士希望你以后的信"墨水要浓一些，字体要大一些"。因为视力日渐衰退的陛下仍然坚持亲自阅读你的每一封信。爵士对你的表扬其实是受了国王的命令的。因此，请你特别注意，以后写信的时候，用颜色最重的墨水，嘱咐你的秘书把字写得大一些。

我最期望的是对你有利的形势，希望你能粉墨登场。我只能为你祈祷，其余的一切都要靠你自己的努力了。我承认，我对你的期望与日俱增，因为我知道，一个人做的事情越多，从中得到的快乐也就越多。我很清楚地记得，过去办公的时候，每天总计有四五个钟头在伏案写作，现在，每天只写半个小时，从中获得的乐趣远不如从前。如果一个人全身心地投入工作半天，另外的半天尽情放松，他便可以从中得到更大的享受。对此，我在海牙工作的时候感悟甚深。那时的社交是我此生最美好的，每个工作日晚餐时的独处也是同样。我认为现在的汉堡是难民的中心，你的一些汉诺威朋友是否在那里，请对他们特别关心一些。你觉得你的房子怎么样？是否舒适？那些盆栽是否投入使用了？慢慢你会发现，对于接待大宗客人，小点心类的夜宵比正餐要物美价廉。

希望你能经常给纽卡斯尔公爵写信，当然也不要疏忽了与管理北方各郡的大臣之间的书信往来。你现在缺乏的，就是勤奋和努力。看在上帝的分上，勤恳、投入地去工作吧。总有一天，你可以随心所欲地行事。

我们这次远征的目标是法国的布雷斯特，现在这桩事情是伦敦街头巷尾茶余饭后的谈资。这可是一个远大的目标啊。我觉得这事情有些突如其来，可以说我总觉得甚至压根没有这回事情。如果我们这次远征成功，那么法国人以后就只能喝兑水的葡萄酒了。我祈祷英国能够大获全胜。然而，如果不幸失败，也要做到虽败犹荣。

现在我想跟你谈一个我很不关心的人，那就是我自己。和你分别后，我就一直过着沉闷的日子。我发现自己对今年的秋天十分敏感，我的人生也到了秋天。最近一直都觉得身体不适，所以，三个星期内，我就会前往巴斯，希望那里的泉水能够帮我摆脱这些困扰，去年的效果就很好。对我来说，最好的补药就是能时不时地听到你勤奋用功的消息，因为那样，我也会频繁听到你成功的消息。记住你自己的座右铭，有远见的人，上帝必不远离。这绝对正确。

爱你的父亲

五十一、从不幸中找到幸运

伦　敦

1759年4月27日

亲爱的朋友：

我在上一批邮件中终于收到了你10日和13日的两封信。现在就来回复它们。

我得提醒你，聪明人（不用聪明到斯多葛学者那种地步）面对所有不幸的时候，都能够想到事情的两面。每件事情都有好坏两面。这是我多年来坚信的理论。根据个人经历，我也得出一些可以自我安慰的哲理。对于大多数的缺陷，我们应该去发觉它闪光的一面，而不是像平常人那样去展示它丑陋的一面。感谢上帝，你现在承受的失望，并不是无药可解的灾难。现在，我们来把问题简化一下，看看问题发展的方向。

你一直都盼着下个月来英格兰，去看看那些也很想见你的人。但是，很自然你不能成行。今年你得在汉堡度过夏天，然后来英国过冬，而不是如你所愿地在英国消夏，在汉堡过冬。现在，让我们来客观分析一下这件事情。这样对你难道不是更好吗？汉堡地处北方，那儿夏季宜人的气候难道不比冬季的苦难对你的身心更有利吗？而英格兰冬季给你的享受，难道比不上夏季那空荡荡的首都[①]

① 英国人习惯夏季去乡下避暑，所以每到夏季伦敦的人很少。

吗？既然如此，你应该可以从自己的不幸中找到幸运。

旅行也是同样。你去吕贝克和阿尔特纳[1]旅行的计划，既可以让你放松享受，也可以让你增长见闻，可以说一举两得。你这个年纪的人是不会看懂太多地方和太多人的。你现在都这么大了，我肯定你看人会更加深刻，不会像你第一次出国时那样只看到人的表面。

总而言之，整件事情不过是你不是夏天来这里，而是冬天来。千万不要把我说的话仅仅当作一个麻木不仁的老头子在安慰一个对悲欢非常敏感的年轻人。不，这是一种理性的哲学，是我三十多年人生经验和阅历的总结，是我一直奉行的理论。

我总是能把好事变得更好，但决不会因为烦躁而让坏事变得更糟，正是因此，我人生的舞台上演了一幕幕精彩的戏剧。和大多数人相比，我享受的快乐更多，经历的痛苦更少。或许你会说，江山易改，禀性难移。如果一个人生来敏感，天性悲观，那么看问题的时候就总会不由自主地朝着最坏的方向想，他没有办法控制，也没有办法改变。我承认你的说法有一定的道理，但是换个角度想，尽管我们没有办法完全改变自己的本性，却可以通过反思和哲理来弥补我们的缺陷。现在，某些生活哲理已经融入我们的生活当中，比方说，最幸运的人也有不幸的时候。

我现在还没有老朽不堪，也不会油滑地假装不懂得你上封信的主要意思，告诉你我都懂，你还能从我这里得到很多东西，我希望这些能够让你振作。

晚安。对一切泰然处之，面对生活中出人意料的事情，既不要得意忘形，也不要灰心丧气。

---

① 都是德国城市。